AF410794

PRÉCIS NOSOGRAPHIQUE

DES INDIGESTIONS.

L'expérience, ouvrant un facile chemin,
Y marche la première, elle nous tend la main ;
Sa trace nous conduit, son flambeau nous éclaire.
D'un pas ferme avançons dans les sentiers de l'art,
Et ne nous fions point à l'aveugle hasard,
Dont la marche incertaine égare le vulgaire.

ARRAS . IMPRIMERIE DE G. SOUQUET,
RUE SAINT MAURICE, N° 153.

PRÉCIS NOSOGRAPHIQUE

DES

INDIGESTIONS

ET COLIQUES

DANS

Les Animaux Domestiques,

Contenant

LES CAUSES, LES SYMPTOMES,

LE TRAITEMENT,

ET LES MOYENS PRÉSERVATIFS

Propres à chacune de ces affections,

PAR J.-B.-S. ÉVERTS,

MÉDECIN-VÉTÉRINAIRE DU DÉPARTEMENT DU PAS-DE-CALAIS,

Ancien Vétérinaire en chef aux Armées,

MEMBRE CORRESPONDANT DE PLUSIEURS SOCIÉTÉS SAVANTES, ETC.

PARIS,

CHEZ LECOINTE ET DUREY, LIBRAIRES,

QUAI DES AUGUSTINS, N° 49.

1827.

Mon illustre et savant maître

J. GIRARD,

Directeur de l'École royale vétérinaire d'Alfort,
Ancien Professeur à la même École,
Chevalier de la Légion d'honneur, etc.

Comme un témoignage public
de mon respect et de ma reconnaissance.

Everts.

PRÉCIS NOSOGRAPHIQUE

DES

INDIGESTIONS.

INTRODUCTION.

L'AGRICULTURE, le premier, le plus utile des arts, source inépuisable de richesses, fut, dans tous les temps, la base la plus solide de la prospérité des nations.

Heureuses les contrées qui, comme notre belle France, dont le sol est d'une magique fertilité, procurent aux cultivateurs, par leur superflu, d'amples dédommagements! les grandes calamités publiques pèsent rarement sur elles.

Son origine, qui se perd dans la nuit des temps, date du moment où les hommes sentirent le besoin de se réunir, de vivre en société.

Les Grecs et les Romains lui durent en grande partie leur gloire. Ces derniers déchurent et marchèrent à grands pas vers leur ruine, quand le luxe et de mauvaises lois agraires, amollissant les hommes libres, la confièrent aux mains des esclaves.

Durant les beaux temps de la république, on vit les plus illustres patriciens quitter la charrue pour le bâton du commandement, voler à la défense de la patrie, et, à leur retour, après avoir fermé le temple de Janus, échangeant le glaive contre le soc, cultiver de nouveau les champs paternels de leurs mains naguère triomphantes.

En Chine, l'agriculture est considérée comme le plus noble des arts : pour l'honorer, le prince, suivi de sa cour, trace tous les ans, avec grande solennité, plusieurs sillons.

Dès l'instant où l'homme eût reconnu la nécessité de remuer, de labourer la terre pour en obtenir des produits, il a dû s'associer les dociles animaux qu'aujourd'hui nous voyons en état de domesticité*. L'éducation fut le terme de

* Il est incontestable que les premiers habitants du monde se livrèrent à l'éducation de la plupart des animaux domestiques. La Genèse, IV, 2, le dit formellement : « *Fuit autem* » *Abel pastor ovium, et Caïn agricola.* » Il ne faut pas ici prendre à la lettre les mots *pastor ovium*, c'est un nom collectif ; les troupeaux de brebis étaient les plus nombreux, mais la possession ne se bornait pas à ces seuls animaux ; ils ont dû successivement en soumettre d'autres à leur domination, à fur et à mesure qu'ils en apprécièrent les produits et leur utilité : la domesticité du cheval, avant la submersion du globe, ou d'une de ses parties, offre seule quelques doutes, du moins on n'en trouve nulle part la preuve. Elle remonte aux premiers âges ; mais il paraît seulement que dans beaucoup de contrées il servit durant plusieurs siècles au tirage avant d'avoir été utilisé comme monture.

Pline attribue l'invention de l'équitation à Bellerophon, fils de Glaucus, roi d'Epire, environ treize siècles avant Jésus-Christ ; mais long-temps avant, les courses en chars, atelés

leur liberté! Des peuplades nombreuses devinrent pasteurs et nomades; leur

de quatre chevaux, étaient déjà en usage dans la Grèce.

Virgile, *Géorg.*, *liv.* 3, attribue cette invention aux Centaures, peuple qui habitait la Thessalie.

Nous trouvons dans le *livre de* Josué, *ch.* xi, que de son temps les rois de *Chanaan* se servaient de cavalerie.

Quand, du temps de Moïse, environ quinze siècles avant notre ère, Pharaon chassa les Juifs de son royaume, son armée était, en majeure partie, composée de cavalerie et de chariots armés, *exod.* xiv, *deuter* xi.

Selon *La Genèse*, xlvii et xlix, et le *deuteron* xvii, les chevaux étaient nombreux en Égypte et dans la Grande-Asie, et employés à toutes sortes de travaux. Il fallait bien qu'il en fût ainsi, puisque l'historien contemporain Joseph rapporte que leur nombre, dans la seule armée de Pharaon, se montait à plus de 50,000.

Ils étaient très communs et domtés, en Arabie, plus de dix-huit siècles avant l'ère chrétienne. Environ cent ans après, Job, *ch.* xxxix, 24-28, en fait mention.

Selon Stésias, dans Diodore de *Cicile, liv.* 2, Ninus, roi d'Assyrie, le même auquel Sémiramis, pour prouver à la postérité sa douleur et ses regrets, fit ériger, pour tombeau, la plus grande des pyramides, et qui vivait environ

puissance s'accrut en raison du nombre, de la beauté de leurs troupeaux et

2,050 avant J.-C., avait de la cavalerie dans ses armées.

VIRGILE, *liv.* 1, dit que NEPTUNE fit au monde présent du cheval.

Beaucoup de savants anciens et modernes prétendent que ce Neptune est le même que Japhet, fils de NOÉ.

*Le Scoliaste d'*APPOLLONIUS *de rodes,* d'après DÉCIARQUE, et PLUTARQUE, d'après une ancienne tradition, rapportent qu'ORUS, fils de MIZRAÏM, petit-fils de CHAM, et arrière-petit-fils de NOÉ, qui vivait environ 2,240 ans avant J.-C., est celui qui, le premier, monta à cheval.

Dès la plus haute antiquité, les Scytes, les Perses, les Sarmates et autres peuples d'Asie, selon le témoignage d'HOMÈRE, HÉRODOTE, PTOLOMÉE, SEXTIUS, HÉSIODE, STRABON, DIOSCORIDE, PLINE, CELLARIUS, etc., tiraient de leurs cavales les mêmes avantages que nous obtenons de la vache; le lait, le sang et la viande leur en servirent de nourriture. Les Tartares et les Kalmoucks de nos jours ont hérité et conservé ces goûts, dans toute leur pureté, des Scytes, leurs ancêtres.

Si la domesticité de ce bel animal n'est pas anti-déluvienne, il est du moins certain qu'elle date d'une époque très rapprochée de cette catastrophe.

Le type de tous les animaux domestiques se rencontre encore dans des régions différentes

de la richesse du sol qui sut les fixer;
bientôt elles prirent rang parmi les nations : l'éducation, la conservation et
la multiplication des animaux leur
étant plus ou moins bien connues, la
médecine vétérinaire dut prendre naissance.

Depuis un demi-siècle, l'agriculture
a fait d'immenses progrès; ses produits
se sont triplés et au-delà ; les animaux
se sont multipliés et améliorés en proportion de ses besoins et de l'accroissement de population du royaume : ils
constituent aujourd'hui sa principale
fortune. La médecine vétérinaire, dont
les anciens sentirent le besoin, est, de

et lointaines, à l'état de nature; le cheval seul
ne se trouve nulle part en liberté absolue ; les
haras véritablement sauvages n'existent dans
aucune des quatre parties du monde; du moins
ils sont inconnus; partout ils sont le fruit de
l'industrie des hommes et de la prévoyance des
princes.

Pour de plus amples détails, voyez *Traité des
Haras*, par le conseiller Hartman.

nos jours, une science de première nécessité; elle est inséparable de l'économie rurale par les éminents services
que celle-ci en reçoit.

Plusieurs écrivains de l'antiquité la
plus reculée nous ont laissé des descriptions très claires de certaines maladies
tant épizootiques que sporadiques : on
s'occupait de l'art de guérir, mais faiblement; telle est du moins l'opinion
de l'immortel historien de la nature :
*Ce serait trop étendre l'Histoire naturelle
que de joindre à l'histoire d'un animal
celle de ses maladies; cependant je ne
puis terminer l'histoire du cheval sans
marquer quelque regret de ce que la santé
de cet animal utile et précieux a été, jusqu'à présent, abandonnée aux soins et à
la pratique souvent aveugles de gens sans
connaissances et sans lettres. La médecine, que les anciens ont appelée médecine
vétérinaire, n'est presque connue que de
nom, etc.*

— 14 —

Bourgelat, de glorieuse mémoire,
ouvrit son premier cours au mois de
janvier 1762, à l'école de Lyon. Peu
de temps après fut instituée celle d'Alfort. Avant lui, quelques hommes plus
zélés que profonds, à la tête desquels
on peut placer Lafosse, tracèrent l'é-
bauche informe d'un cours d'études.
Mais au génie des *Bourgelat*, *Chabert*,
Vicq-d'Azir, *Flandrin* et *Gilbert* était
réservée la noble tâche d'écarter les
voiles de l'ignorance et de l'erreur, et de
tirer de l'oubli un art dont aujourd'hui
l'utilité, les bienfaits sont appréciés.

Les *Huzard*, *Girard*, *Dupuy*, *Yvart*
et autres, leurs dignes émules et suc-
cesseurs, savants non moins illustres,
dont je m'honore d'avoir été le disci-
ple, parurent; bientôt le chaos fit place
à la lumière; ses bornes reculèrent, et,
marchant de pair avec la médecine
humaine, il devint comme elle un
corps régulier de doctrine.

Si la postérité, juste envers les premiers, leur rend un éclatant hommage, les derniers ont des droits imprescriptibles à la reconnaissance, à la vénération de leurs contemporains. Plus tard, leurs noms, inscrits sur le marbre immortel, à côté de ceux de leurs devanciers, rappelleront aux races futures le souvenir de leurs talents et de leurs vertus.

Cédant aux sollicitations de l'amitié, aux nombreuses et justes observations de cultivateurs éclairés sur les difficultés qu'ils éprouvent à se procurer instantanément les secours de l'art vétérinaire dans les cas pressants, surtout durant la nuit, et à l'insurmontable dégoût qu'inspire la présomptueuse, l'ignorante audace du charlatanisme, je me suis déterminé à publier cet opuscule élémentaire.

Nos campagnes et nos villes fourmillent d'empyriques qui, à force de

jactance et de mensonges, en impo-
sent à l'homme crédule, et s'attirent
une sorte de réputation qu'ils sont loin
de mériter. Mandés pour un animal
malade, ils n'hésitent pas d'en promettre la guérison. On les voit préparer encore des breuvages quand le patient, aux prises avec l'agonie, lutte
péniblement contre la destruction;
leurs recettes, plus absurdes les unes
que les autres, en majeure partie composées de drogues incendiaires, dont
ils connaissent à peine les noms et nullement les vertus, administrées avec
une inconcevable impudence, enlèvent
annuellement à l'agriculture, au luxe
et à l'industrie une quantité d'animaux
qui, abandonnés à la nature et ne re-
cevant que quelques soins domestiques,
triompheraient de la maladie.

Que de fois n'arrive-t-il pas qu'une
indisposition, d'abord de peu d'importance, acquiert entre leurs mains une

gravité contre laquelle l'art échoue? Si leur sotte ambition se bornait aux opérations chirurgicales externes, elle serait moins dangereuse; mais non, c'est toute la médecine qu'elle veut. Une remarque que tout le monde peut faire, c'est que les individus de cette espèce, qui se livrent le plus audacieusement à l'art de guérir, sont, pour l'ordinaire, les plus ineptes parmi leurs pareils.

Il y a cependant des maréchaux qui, se bornant à leur état et ne se croyant pas la science infuse, conviennent modestement de leur incapacité, et, craignant d'errer, n'emploient, en attendant que les secours efficaces arrivent, que des moyens innocents qui jamais ne peuvent être nuisibles.

Quoique le traitement de tous les animaux domestiques soit exclusivement du domaine de la médecine vétérinaire, on n'y a recours qu'au dernier moment, et après avoir épuisé tout le répertoire des remèdes populaires et le *talent* des soi-disant *maréchaux experts;* en sorte que l'homme de l'art n'arrive souvent que pour être témoin des derniers efforts de la vie dans le combat que la mort lui livre *.

La médecine humaine a, sous ces points de vue, bien des rapports communs avec la médecine vétérinaire; en effet, ne voyons-nous pas la France inondée par des *guéris-tout, médecins d'urine,* fabricants de *panacées, sorciers* et fripons de toute espèce qui, tous, vantent leurs drogues et leur savoir, citent avec complaisance les succès

* « Les charlatans sont un fléau aussi dé-
» sastreux dans la médecine vétérinaire que
» dans la médecine humaine; ils renaissent
» partout de leurs cendres; c'est surtout dans
» les cas d'épizooties qu'on les voit pulluler da-
» vantage, et souvent ils sont plus à redouter
» que la maladie même *. »

* *Instructions vétérinaires, année* 1791, *6 vol. A Paris, chez madame Huzard, rue de l'Éperon,* n° 7.

qu'ils prétendent avoir obtenus, en passant sous silence les revers qu'ils ont essuyés, ou plutôt les fruits amers de leur ineptie que la tombe couvre, et trouvent chaque jour des dupes et des victimes parmi les riches comme parmi les pauvres?

Combien ne voit-on pas de malheureux qui, séduits, persuadés par la vanterie de ces misérables, se livrent à leur savoir meurtrier, pour déplorer trop tard leur crédulité! des secours réguliers ne sont réclamés que quand leur charlatanisme est aux abois et le malade *in extremis*.

Quand des hommes en agissent aussi inconsidérément pour eux-mêmes, comment pourrait-on s'attendre à les voir en agir plus sagement envers leurs animaux? Ici, c'est bien pis encore! les empyriques les plus grossiers, les plus ignares, usurpent le mieux la confiance; leur effronterie est indescriptible; ils ont une clientelle nombreuse, mais au loin, jamais chez eux : ils y sont trop appréciés. On peut, avec raison, leur appliquer cet adage : *On n'est pas prophète dans son pays.*

Le peuple, souvent crédule, toujours facile à tromper, à séduire, les croyant instruits parce qu'ils se disent l'être, émet sur leur compte une opinion avantageuse que les cultivateurs adoptent sans examen, et les animaux sont livrés à leur prétendue expérience! Mais où l'auraient-ils prise cette expérience, qui ne s'acquiert que par une vaste série d'observations pratiques, judicieusement faites et basées sur une bonne théorie? Eh quoi! l'étude de la médecine, à laquelle l'initié consacre les plus belles années de sa jeunesse, ou, pour mieux dire, toute sa vie, serait illusoire! Il suffirait qu'un maréchal sût, tant bien que mal, appliquer un fer pour qu'une science sans bornes, qui en embrasse une infinité d'autres, lui fût dévoilée! Non, non, personne ne peut sérieusement le croire; une pareille aberration ferait honte à l'esprit humain.

Il n'y a pas en France un département aussi envahi par le charlatanisme que le Pas-de-Calais : chaque village, au moins, renferme un ou deux guérisseurs ; rarement ils savent lire : qu'on juge de leur savoir! et cependant, soit avarice, soit défaut de jugement, des gens riches les emploient et trouvent des imitateurs. L'esprit n'est pas l'apanage exclusif de la fortune et des distinctions sociales, on le sait ; mais malheureusement quand elles donnent un mauvais exemple, il est, pour le peuple, de dangereuse conséquence.

Cet encouragement donné à l'empyrisme, à l'ignorance, à la mauvaise foi, n'est guère fait pour exciter le zèle et l'émulation du jeune vétérinaire de retour dans ses foyers : forcé de lutter sans cesse contre les humiliations de tout genre dont on l'abreuve, méconnu, découragé, il déserte souvent un art, dans l'exercice duquel il aurait pu rendre de grands services à son pays, pour embrasser un état qui lui présente moins de dégoûts et plus de chances de fortune.

Depuis l'établissement des écoles en France, les vétérinaires se sont rendus indispensables, surtout depuis quelques années où chaque saison a été marquée par l'irruption d'épizooties meurtrières qui ont envahi et dévasté la majeure partie du royaume. Dès leur apparition, ceux qui sont salariés par les départements se rendent sur les lieux, reconnaissent la maladie, prescrivent des mesures pour en arrêter les progrès, répandent des instructions sur les moyens préservatifs et curatifs, et si les autorités subalternes secondaient partout leurs bonnes intentions, ils parviendraient toujours, sinon à éteindre de suite ces fléaux, du moins à en diminuer l'intensité, la violence et le nombre des victimes, à les circonscrire dans des bornes étroites, en un mot, à faire cesser peu à peu la mortalité.

Les vétérinaires départementaux ne sont pas les seuls qui, en pareil cas, se distinguent, tous rivalisent de zèle et se rendent utiles.

Ceux qui, dans une production de la nature de celle-ci, exigent un style orné, de l'érudition, peuvent se dispenser de la lire : ils n'y trouveront ni l'un ni l'autre, et pour plus d'un motif : le premier est que, n'écrivant pas pour des savants, mais pour des hommes étrangers aux sciences médicales, je n'ai dû m'attacher qu'à la clarté et à la concision, suivant en cela le conseil d'Horace : *Quand vous donnez des préceptes, soyez court;* le second, que l'éloquence est fille du ciel, et je ne suis point de la famille. Quelle que soit néanmoins la lucidité, la précision que je crois avoir apportée dans la rédaction de ce petit ouvrage, il ne doit jamais dispenser de recourir à un vétérinaire, s'il est à proximité. La pratique offre une infinité de ressources que ses bornes ne peuvent comporter.

Je l'ai divisé en trois parties : dans la première, j'expose les causes les plus ordinaires résultantes du régime. A cet effet, j'ai dû entrer dans quelques détails étrangers aux maladies, afin de mieux me faire comprendre.

Dans la seconde, je traite des maladies connues sous le nom générique de *coliques,* sans m'attacher exclusivement à celles dont les phénomènes se passent dans le système digestif ; car les organes urinaires et génitaux sont susceptibles d'affections qui, par le vulgaire, peuvent être confondues avec les premières.

Dans la troisième, j'énumère quelques préceptes *hygiéniques, préservatifs,* peu onéreux, faciles à mettre en pratique et dont l'efficacité a été constatée par l'expérience.

Loin de moi d'avoir la prétention de vaincre tous les préjugés qui président aux soins accordés aux animaux et s'opposent ouvertement à toute amélioration dans la destinée de ces intéressants compagnons de l'homme! Cette tâche serait impossible, ils sont trop enracinés. Les habitants des campagnes se livrent difficilement aux innovations, quelque bonnes qu'elles puissent être; ils ne feront pas telle ou telle chose, soit pour leur propre bien-être ou pour celui de leur bestiaux, parce que leurs aïeux ne l'ont pas fait « et n'ont pas moins vécu. » Le temps et l'expérience peuvent seuls les convaincre : espérons tout de l'avenir.

J'ai été forcé d'être prolixe, de me

répéter, afin de mieux me faire comprendre ; j'espère qu'on voudra bien me pardonner ce défaut en faveur du motif. Je me suis abstenu d'émettre aucune opinion problématique ; rien n'est hasardé ; les faits que j'avance sont fondés sur l'observation, et la plupart confirmés par ma propre expérience. J'ai pu me tromper : *errare humanum est*.

PREMIÈRE PARTIE

CAUSES.

« La seule expérience est un guide pour moi ;
» Instruire est son devoir, et peindre est mon emploi. »
Del. , Poëme des Trois Règnes.

L**es** maladies reconnaissent des causes générales et particulières sans nombre et dont
les effets ne sont pas toujours les mêmes ; on
les divise en prédisposantes et en occasio-
nelles : les premières sont celles dont l'influence, pour n'être pas directe, prompte, ne
s'en exerce pas moins sourdement, lentement,
en préparant de loin les organes à subir les
conséquences des moindres impressions ; les
secondes sont celles qui produisent des effets
immédiats, instantanés.

Les unes et les autres résident dans la nature
et les qualités des aliments, dans le défaut de
soins et de surveillance, ou, pour mieux dire,
dans l'administration vicieuse de ceux à qui le
gouvernement des animaux est confié, et dans

l'atmosphère : telle est aussi l'opinion des savants auteurs des Instructions vétérinaires ; voici comment ils s'expriment : « La mauvaise » construction des bergeries, des étables, des » écuries et des autres habitations des animaux, » la stagnation et l'infection de l'air qu'elles » renferment, qui ne tarde pas à acquérir des » qualités nuisibles, infection causée par le trop » grand nombre d'animaux qu'on y entasse, » par le séjour des fumiers, par la fumée des » lampes, etc., enfin par les aliments et les » boissons viciées, par les intempéries des sai-» sons, ou par de mauvais soins, telles sont » en général les causes les plus fréquentes et les » moins soupçonnées des maladies qui se re-» nouvellent si souvent parmi les bestiaux et » qui dévastent nos campagnes. »

Pour rendre la description des maladies plus claire, nous avons cru devoir nous appesantir sur les causes les plus ordinaires, les plus frappantes, sur celles que chaque jour on peut éviter et dont les effets sont presque inévitables.

Ajoutons qu'il est bien plus facile de juger sainement du caractère et de la gravité d'une maladie, quand la source en est connue, que lorsqu'elle est ignorée.

Les détails dans lesquels nous entrons au sujet des choses qui peuvent donner lieu aux dérangements de la santé, ne paraîtront pas superflus aux personnes qui veulent, de bonne foi, s'instruire et réformer des abus dangereux.

Il est des objets de régime qui, employés avec les meilleures intentions, ou pourvus des meilleures qualités, deviennent nuisibles par cela seul qu'on en abuse. Bien critiquer une chose, c'est en indiquer le correctif, et partout nous avons placé le remède à côté du mal.

Les aliments jouant le principal rôle dans les affections dont nous nous occupons, nous allons successivement passer en revue et qualifier ceux qui, dans nos climats, sont destinés aux chevaux ; ensuite nous jetterons un coup d'œil sur les soins que leur état de dépendance et de domesticité réclame, en signalant des uns et des autres les défauts et les abus.

Tout ce que nous dirons du cheval concerne également les autres solipèdes, l'âne et le mulet.

FOINS.

Les *foins*, tant de prairies artificielles que naturelles, constituent, en Europe, une des

principales nourritures des animaux domestiques, à l'exception de quelques contrées près,
où cette denrée est rare : il en est peu dont les
qualités peuvent tant varier, une pluie, la
rosée, les altèrent et les privent d'une partie de
leur propriété.

Pour être bons, on veut qu'ils soient d'un
beau vert pâle, d'une odeur agréable, pourvus
de leurs feuilles et peu mélangés de plantes
étrangères non fourrageuses.

Ceux qui ont été décolorés par les pluies ou
les rosées, dont la dessiccation du reste a été
parfaite, peuvent encore servir, mais sont de
moindre valeur.

Le *foin* se détériore singulièrement quand,
à sa maturité, il reste trop long-temps sur pied.
Il se dessèche, perd sa saveur et son odeur,
et constitue un aliment malsain, en ce qu'il
ne contient plus que très peu de principes nutritifs.

Celui de prairies artificielles, qui vient dans
un champ trop touffu, principalement le *trèfle*,
noircit au pied, se dépouille d'une grande
partie de ses fanes, et n'est guère meilleur.

La dessiccation et la fermentation de ces *foins*

sont plus lentes et leur conservation plus difficile que de celui des prairies naturelles, en
raison de leur plus abondante eau de végéta-
tion. Ceci concerne surtout le *trèfle* et la *luzerne.*

Le *sainfoin*, de tous le plus précieux quand
il est donné modérément, car autrement il
échauffe, est celui qu'on récolte le premier et
le mieux; rarement la saison lui est contraire.
Sa fenaison est à peine achevée qu'on le donne
en abondance aux chevaux, parce qu'à cette
époque de l'année on est ordinairement à court
de fourrages dans les fermes, et qu'on est dans
la persuasion qu'il ne peut pas nuire : quelle
erreur! et combien de chevaux succombent
plus tard à des inflammations qui ne reconnaissent d'autre cause que l'abus de cet aliment par excellence!

Les *foins* en général peuvent être détériorés
soit par l'inclémence de l'atmosphère, soit par
d'autres cas fortuits ou par la négligence de ceux
qui sont préposés à leur récolte, de manière à
devoir absolument les proscrire de l'usage domestique; par exemple : les *vaseux*, ceux qui,
croissant sur les rives des fleuves, des rivières,

des ruisseaux, ont été inondés peu de temps avant la fenaison.

L'eau, en se retirant, y dépose une vase gluante, composée de terre grasse, de débris animaux et végétaux, dont la majeure partie reste adhérente, malgré la manutention que la dessiccation exige.

Ce sédiment en altère les qualités et nuit singulièrement à la santé des animaux. Il engendre souvent des concrétions terreuses dans le canal alimentaire.

Echauffés. Quand ils sont rentrés humides de pluie ou de rosée, ou incomplètement fanés, ils fermentent et s'échauffent dans les tas avec une telle violence qu'on les a vus s'enflammer spontanément et embraser le bâtiment qui les renfermait. Qu'on en fasse usage quelques mois après la récolte, on les trouvera puants, moisis. Plus tard ils seront encore de même, mais secs; et, en déliant les bottes, il s'en élèvera un nuage de poussière.

On nomme *poudreux* ceux qui, secs en apparence, dans le fait encore humides, et conservés trop long-temps, se réduisent en poussière au moindre maniement.

Il vaudrait mieux nourrir les chevaux de

bonne *paille* exclusivement que de pareils *foins* qui, par leurs qualités délétères, ne peuvent que les empoisonner.

Les *foins* de prairies artificielles, qui ont été fauchés et fanés durant un temps pluvieux, sont noirs, de mauvaise odeur, et perdent leurs feuilles au moindre attouchement ; quand même ensuite leur dessiccation eût été parfaite et qu'ils fussent inodores, ils sont mauvais et nourrissent mal ; les chevaux ne les mangent que parce qu'ils n'ont pas d'autre choix ; les feuilles tombent dans la mangeoire, et quelle que soit la faim qui les presse, jamais ils n'y touchent.

On peut, avec raison, ranger dans la catégorie des *foins* dangereux ceux qui sont donnés avant que la fermentation ne soit achevée. On dit alors que le *foin* n'a pas *jeté son feu*.

Le *regain* ou *seconde coupe* est, dans le Nord, rarement aussi bien récolté que le *foin*, parce qu'à l'époque de sa maturité, les pluies sont assez fréquentes ; mais, le fût-il, il n'en constituerait pas moins une nourriture médiocre.

PAILLE.

La *paille de froment* est la seule qui serve à la

nourriture des chevaux ; celle des autres céréales ne pourrait leur être donnée qu'en cas
de disette.

Pour qu'elle soit bonne, elle doit être me-
nue, entière, inodore, luisante, d'un blanc
jaunâtre, et exempte de ces plantes parasites,
telles que le coquelicot, la camomille fétide,
le bleuet et autres que le vulgaire nomme mal
à propos fourrageuses.

Celle qui, dans toute son étendue, est couverte de petites taches ou points noirs, qu'on
croit être dus à des coups de soleil dont la
plante a été frappée aux approches de sa maturité, étant couverte de rosée, constitue une
très médiocre nourriture. On dit alors qu'elle
est *rouillée*.

Celle qui, dans les tas, meule, ou en ma-
gasin, est moisie ou en a pris l'odeur, n'est
bonne à rien et doit être rejetée.

Quand les grains ont été battus, elle est ordinairement mise en meule : ainsi exposée
pendant un laps de temps assez considérable
aux injures de l'air, la portion sortante des
bottes du pourtour se décolore, perd sa saveur
et à la longue tombe en poussière.

La partie supérieure, rarement assez bien

couverte pour que l'eau du ciel ne puisse y pénétrer, contracte une odeur détestable ; tandis que l'humidité de la terre, malgré le faible obstacle que le pied lui oppose, envahit l'inférieure jusqu'à une certaine élévation, la détériore également.

On devrait, en pareil cas, réserver le centre, la partie saine, pour les chevaux, et disposer du reste en faveur des bêtes à cornes et à laines, qui, moins délicates, sont aussi moins sujettes aux inconvénients qu'entraîne momentanément une nourriture altérée, à cause de la faculté de ruminer dont ils sont pourvus ; et si elle était par trop mauvaise, en faire de la litière : on y gagnerait encore.

La *paille hachée* constitue une nourriture insalubre ; quelque bien récoltée qu'elle puisse être, elle en contient toujours une partie qui est avariée, que le cheval le plus affamé refuse obstinément et laisse dans le râtelier, quand il la mange entière : nous ne pourrions pas l'en extraire, notre intelligence est trop au dessous de l'instinct des animaux dans le choix des aliments qui peuvent leur convenir. Qu'on la lui présente hachée, sans mélange d'avoine, à peine s'il y touchera. Cette céréale peut seule l'engager à la manger. Ce n'est donc qu'un moyen de lester mal à propos l'estomac, qui ne pourrait tout au plus convenir que dans un cas de disette.

Il est facile de prouver qu'une pareille nourriture doit être contraire à la santé : 1° l'animal est forcé de faire usage d'une denrée dont une certaine quantité lui répugne et qu'il refuserait si son choix était libre ; 2° l'avoine qu'on y mêle profite peu à la nutrition, attendu qu'enveloppée de la sorte, elle est incomplètement broyée par la mastication et arrive dans l'estomac mal imprégnée de salive ; 3° on mouille toujours le mélange avant de le donner, donc le cheval est surabondamment abreuvé, et chacun sait que de tous les animaux, son espèce est celle à qui les aliments humides sont le plus contraire.

Qui n'a pas été à même de faire la comparaison d'un cheval habituellement nourri ainsi d'avec un autre mangeant au râtelier ? Le premier est mou, digère mal, sa fibre est lâche, son poil long et soulevé ; il sue au moindre travail, au plus léger effort. Le second a de la vigueur, son poil est court, il sue difficilement, résiste bien plus long-temps à la fatigue, et se trouve moins exposé aux maladies asthéniques, suite de la faiblesse et de la débilité *.

FAVELOTTE.

La fève de cheval, *favelotte* (*faba seu equina, vicia faba*) est, de tous les aliments, le plus nourrissant, mais aussi le plus échauffant. Il restaure merveilleusement les chevaux épuisés de fatigue ou de maladie, les engraisse vite, rend les chairs fermes et le poil court et luisant, même pendant l'hiver; toujours il doit être donné avec prudence, surtout aux jeunes chevaux; il remplace parfaitement l'avoine.

Dans quelques pays, ce fourrage est battu comme le grain pour être distribué dans l'auge seul ou mêlé avec cette dernière céréale; en Artois et dans les pays circonvoisins, on le donne au râtelier : cette méthode est la meilleure en ce que les chevaux sont obligés de chercher, d'éplucher, pour trouver ce grain, et ne pouvant le manger vite, le broient bien sous la dent.

* Dans la brigade des Lanciers du grand duché de Berg, où j'ai servi pendant plusieurs années comme vétérinaire en chef, on avait introduit, avant mon arrivée, l'usage de la *paille hachée*. La morve fit des ravages effrayants, qui cessèrent dès l'instant où j'obtins qu'on défendît d'en donner.

Fauchées trop tôt, les *fèves* sont petites, ridées, ternes et susceptibles d'être promptement attaquées par les insectes qui leur sont propres; trop mûres, un autre inconvénient se présente, c'est la perte d'une assez bonne partie qui s'égraine dans les champs.

Les pluies noircissent toute la plante, en rendent la dessiccation longue, la conservation difficile et la détériorent. Le moyen d'obvier en partie à ces fâcheux incidents, c'est de dresser les javelles les unes contre les autres, peu de jours après les avoir coupées, et de les laisser ainsi jusqu'à la parfaite dessiccation.

Quand ce fourrage n'est pas rentré bien sec, il s'échauffe et moisit promptement. Dans ce cas, on doit le battre et le faire manger en grain: le donner autrement serait exposer les chevaux aux dangers qu'entraîne un aliment empoisonné. Ce fourrage ne doit avoir aucune odeur; les cosses doivent être d'un beau noir, de même que les fanes, et les tiges, quoique les chevaux ne les mangent pas, exemptes de toute moisissure.

VESCE.

La *vesce* cultivée (*vicia sativa*), plante légumineuse, hivernale, ce qui lui a fait donner le nom d'*hivernage* ou *hivernache*, ordinairement semée avec environ un huitième de *seigle*, dans le double but de faire servir ce dernier de support à la plante principale qui s'y attache à l'aide de ses vrilles, quand la saison permet la réussite des deux ; et, dans le cas contraire, d'assurer une récolte au moins passable de l'un ou de l'autre.

Quand l'hiver est très pluvieux, le *seigle* court risque de périr, tandis que l'*hivernache* résiste ; si, au contraire, le froid est rigoureux et prolongé, et qu'il survienne de fortes gelées quand la terre est inondée de pluie ou de la fonte des neiges, celui-ci succombe et le *seigle* survit. En ce cas, cette céréale constitue presque toute la récolte, à peine remarque-t-on çà et là une plante de *vesce* qui semble n'être échappée à la destruction que pour la propagation de l'espèce. Dans cet état, les gerbes portent encore le nom de bottes d'*hivernache*, et sont données aux chevaux comme si réellement elles étaient composées de ce grain. C'est alors que les maladies sont fréquentes, principalement celles du système digestif! Doit-ou s'en étonner, quand on sait que de toutes les céréales, celle-ci est la plus gluante, la plus compacte, la plus fermentescible et la plus indigeste ? que sa paille, qui, pour l'ordinaire, ne sert qu'à faire des liens, est dure et peu nourrissante ? Des entérites, des coliques venteuses, mais surtout des indigestions * aigues terribles en sont trop souvent la suite, notamment quand on fait boire après le repas.

Quand l'*hivernache* serait bien récolté, et dans les justes proportions, encore faudrait-il le donner avec modération ; il est très échauffant, le poli du poil et la vigueur des chevaux qui s'en nourrissent habituellement le prouvent assez. S'il a été noirci par les pluies, il constitue un aliment pernicieux.

Pour être avantageux, il doit réfléchir une couleur jaune foncé et contenir peu de *seigle*. Quand celui-ci abonde, il conviendrait de l'en extraire par le battage, ce qui serait d'autant plus facile que ses épis dépassent de beaucoup les bottes et se trouvent, au sommet, réunis en faisceau. Comme il est toujours d'un prix

---

* Pendant la campagne de Russie, j'ai vu périr, d'*indigestion aigue*, cent douze chevaux d'un seul régiment, dans le trajet de Cowno à Smolensk et dans l'espace de peu de jours, par l'usage du *seigle* en gerbes, dont la dessiccation et la maturité étaient parfaites.

plus élevé que l'avoine, son échange contre elle ne pourrait être que profitable pour les maîtres et les animaux.

Quelque bon et utile que puisse être l'*hivernache*, les chevaux doivent y être habitués dès leur jeunesse, sans quoi il occasione des maladies qui ne se bornent pas toujours à l'estomac. Nous avons été souvent à même de nous convaincre de cette vérité ; convenons cependant que leur gravité est constamment en raison de la quantité de *seigle* qu'il contient.

Réduit en farine et mêlé avec une quantité équivalente de son, le *seigle* devient un aliment raffraîchissant, et convient pour blanchir la boisson et pour mettre les chevaux au régime blanc quand ils doivent passer d'un travail continu au repos, ou d'une espèce de nourriture, ou d'une saison à l'autre.

DRAVIÈRE.

La *dravière, dravie, ou drarée,* est un mélange de plantes qui varie dans beaucoup de cantons. Ici, c'est une partie d'avoine sur sept à huit de vesce printanière ; là, c'est l'assemblage de pois, vesces et quelques fèves ; plus loin, c'est un amalgame inextricable de gesse (*latirus sa-*

tira), de vesce, d'avoine, de lentilles, etc ; en
sorte qu'on peut dire avec raison que ce mélange n'a jamais de règle fixe, qu'il varie, dans
chaque canton, selon la qualité des terres, l'en-
grais dont on peut disposer, l'usage, et même
le caprice du cultivateur.

Il doit être récolté comme l'hivernache,
c'est-à-dire présenter une belle couleur dorée.
Dans ce cas, cet aliment n'a rien que d'utile,
si ce n'est qu'il ne doit pas être prodigué, attendu qu'il est très venteux, que souvent il
engendre des coliques spasmodiques et même
des indigestions.

LENTILLES.

Les *lentilles* (*ervum lens*) produisent les mêmes
effets quand on en abuse, tandis que clair-
semées dans les blés, elles rendent la paille préférable à beaucoup de foins, surtout si elle a
été battue sans que la gerbe ait été déliée : on
les nomme *fourbattues*.

Les anciens cultivaient toutes ces plantes,
mais les donnaient avec circonspection à leurs
animaux, parce que leur grain est très échauffant ; ils en conseillent plusieurs comme propres à stimuler l'ardeur des étalons.

Nous avons vu des coliques stercorales mortelles survenir à la suite de leur usage prolongé
et immodéré.

AVOINE.

L'*avoine* est de tous les grains celui qui est
le plus généralement et le plus exclusivement
consacré à la nourriture des chevaux. En quantité médiocre, il restaure et entretient les forces, donne de la vigueur et de la gaieté, et convient partout et en toute saison à ceux qui y
sont habitués*.

On doit la choisir pesante, inodore, sèche
et piquante lorsqu'on enfonce la main dans
les tas, luisante et privée de poussière et des
mauvaises graines qui souvent s'y trouvent
mêlées.

* En Espagne, les chevaux sont nourris d'orge. Qu'à
leur transmigration en France on leur accorde la ration d'avoine sans précaution, sans ménagement, surtout aux entiers, comme nous la donnons aux nôtres,
et bientôt on les verra devenir fougueux et indomtables.
Elle agit sur eux à-peu-près comme le vin sur l'homme :
elle les étourdit, les enivre.

Durant la première guerre de la Péninsule, j'ai été
souvent à même de me convaincre que l'orge de ce
pays n'est guère plus salutaire aux chevaux français:
Elle en a fait périr des milliers de fourbure violente accompagnée d'une exacerbation que je n'ai vue que là.

★

Elle peut être tarée de plus d'une manière, et au lieu de constituer alors une nourriture bienfaisante, elle devient nuisible; lorsqu'elle a été *germée*, mais rentrée sèche et bien conservée, elle nourrit peu, à la vérité, mais elle n'est point malfaisante.

Celle qui, par défaut de dessiccation, par l'humidité de la grange ou par l'épaisseur des tas et leur peu de manutention dans les greniers, a contracté une mauvaise odeur, est peu restaurante : les chevaux la mangent avec répugnance.

Il n'arrive que trop souvent qu'un sordide intérêt porte certains individus à l'arroser d'eau bouillante qui la fait gonfler d'un cinquième, pour la mettre en vente ou en distribution le lendemain. Placée dans les sacs ou les coffres, elle s'échauffe dès le second jour, finit par moisir, pourrir, et se transforme en un véritable poison. Il vaudrait cent fois mieux les en priver que d'en donner la moindre parcelle.

Une pratique erronée à l'utilité de laquelle on croit fermement dans le nord et le sud de la France, c'est le javelage des *avoines;* sous le prétexte que les pluies grossissent et bonifient

le grain , on les laisse exposées sur le champ
où l'on est quelquefois dans la triste nécessité
de les voir pourrir par l'intempérie non inter-
rompue de la saison. Oui, l'eau fait enfler le
grain, mais loin de l'améliorer, elle le détériore en ce que, dans les tas, la dessiccation ne
pouvant s'opérer, il contracte une odeur détestable et perd de ses qualités; la meilleure
avoine est celle qui a été rentrée parfaitement
sèche, et après avoir été battue, souvent ma-
nutentionnée, car, faute de cette précaution,
elle prend une mauvaise odeur, qu'au lieu
d'odeur de grenier, on nommerait moins improprement *odeur de paresse.*

Une mauvaise habitude qu'ont beaucoup de
cultivateurs, principalement ceux qui, con-
sacrant une trop grande partie de terres à la
culture de plantes oléïfères en proportion de
leur exploitation, manquant de bons fourrages
et d'*avoine*, c'est de retrancher cette dernière
en totalité pendant l'hiver, ou d'en donner si
peu que les animaux n'en éprouvent aucun
bien-être, tandis qu'à l'arrivée des travaux ils
la leur départissent avec profusion. Qu'en ré-
sulte-t-il? que malgré cette augmentation, les
chevaux maigrissent à vue d'œil, tombent ma-

lades de fatigue, et succombent à des inflammations.

Le régime qu'ils subissent pendant la saison
des forts travaux, quelque avantageux qu'il
puisse être, n'augmente pas les forces : il ne
peut qu'entretenir celles précédemment ac-
quises par une nourriture uniforme, géné-
reuse, appropriée à leurs besoins, et c'est déjà
beaucoup.

Toutes les transitions subites produisent de
fâcheux désordres dans l'économie animale :
l'expérience de tous les temps et de tous les
lieux est là pour l'attester; leur influence est
d'autant plus marquée qu'elle y est moins pré-
parée.

L'homme, de tous les êtres créés le plus in-
telligent, en est victime à chaque instant du
jour. Comment de malheureux animaux, soumis à sa domination, qui n'ont pas le choix de
leurs aliments, dont presque tous les mouvements sont subordonnés à sa volonté, en se-
raient-ils exempts ?

Nous avons remarqué que souvent on prétend suppléer par la quantité de nourriture à
la qualité qui manque : cette erreur est des
plus graves et peut avoir les suites les plus fu-

nestes. Il faut n'en donner qu'une faible portion quand on ne peut faire autrement; en être
avare ; encore faut-il, autant que possible, en
anéantir ou affaiblir les effets malfaisants par
des moyens hygiéniques dont nous parlerons
dans la dernière partie de cet ouvrage.

Une nourriture avariée se digère mal, affai-
blit les premières voies, ne peut donner qu'un
chyme imparfait et devient par là, sinon cause
efficiente, du moins prédisposante de toutes
sortes de maladies.

SON.

Le *son* est de toutes les substances alimentaires la moins digeste ; inaltérable dans l'estomac, il y fermente, occasione des flatulences,
des borborygmes, des intus-susceptions (entrée contre nature d'une portion d'intestin
dans une autre), des coliques de toute espèce, etc., et ne nourrit qu'autant qu'il contient encore de la *farine*. On lui attribue des
vertus qu'il n'a pas, et on le donne en abondance dans l'intention de *raffraichir*.

Sans doute qu'en petite quantité, comme
moyen diététique, il est raffraichissant, en ce
sens que, renfermant peu de principes nutritifs,

il nourrit peu et ne fait que lester l'estomac.

S'il était échauffé, qu'il eût la plus légère odeur, il faudrait le rejeter absolument, ne pouvant que détériorer les substances auxquelles on voudrait l'unir.

Il nous arrive souvent de le prescrire comme nourriture, mêlé avec quantité égale de farine d'*orge*, délayé dans beaucoup d'eau ; c'est ce qu'on désigne par les mots de *barbotter*, *barbottage* *; nous en faisons blanchir la boisson en y ajoutant un peu de sel de nitre. Ce régime est salutaire et convient dans bien des cas ; il ne force pas à interrompre les travaux, et, sous ce rapport, il est préférable à celui du *son* seul.

Cette substance n'étant que l'écorce du blé, et ne contenant, surtout depuis les nouveaux procédés de mouture économique, aucune parcelle de farine, n'est véritablement que le *caput mortuum* du grain ; elle devrait être totalement rejetée comme nourriture des chevaux.

____

* Nous mêlons une certaine quantité de *son* à la farine d'*orge* pour rendre cette dernière moins visqueuse ; sans cette précaution, les chevaux ne la mangeraient pas.

ORGE OU SCOURGEON.

L'*orge*, ou *scourgeon*, d'un beau blanc jaunâtre, pesant, sec et très dur, est préférable à celui qui, ayant été trop vivement frappé par les rayons solaires peu d'instants avant la maturité, est petit, ridé et sans consistance.

Les anciens faisaient de ce grain un fréquent usage, tant pour eux que pour leurs animaux, comme aliment et comme médicament *.

Sec, il occasione des indigestions, des coliques, la fourbure, etc., aux chevaux qui n'y sont pas habitués.

Quand il y a disette d'*avoine*, ou qu'elle est trop chère, on les en nourrit cependant, mais on ne le donne qu'après l'avoir laissé tremper pendant vingt-quatre heures dans l'eau, tant pour l'amollir que pour enlever, par cette macération, le principe âcre que son écorce renferme.

Cette méthode n'est pas mauvaise, mais le faire concasser, broyer sous la meule, pour le donner avec un peu de *son* en barbottage, vaut mieux; il nourrit bien et entretient la liberté du

* *Voyez* Homère, Festus, Pline, le *Livre des Rois*, IV, 28, etc.

ventre. Quelques personnes ont l'habitude d'en donner en gerbes au râtelier : nous la blâmons, parce qu'il échauffe et profite peu.

E A U.

L'eau est la seule boisson des animaux : la plus saine est celle qui est insipide, claire, inodore et limpide. Celle des rivières est plus salutaire que celle des puits, parce que, tenant une plus grande portion d'air en dissolution, elle est plus légère et plus digeste, principalement celle qui est prise au dessous de la chute d'un moulin, à moins qu'elle ne fût trop trouble.

Durant l'hiver, on peut abreuver les chevaux d'eau de puits aussitôt après l'avoir tirée, attendu que sa température est supérieure à celle de l'atmosphère; tandis que l'été, cette température étant infiniment moindre, elle doit toujours être placée douze heures à l'avance dans les cuviers, sans quoi elle entraînerait les plus grands dangers.

Quand les chevaux rentrent des champs, qu'ils aient chaud ou non, ils sont débridés pour boire aussitôt: sans cela, dit-on, ils ne mangeraient pas, comme si l'attente d'un quart d'heure était chose importante ! Des tranchées douloureuses en sont la suite : on déplore les effets de cette précipitation alors qu'il est trop tard.

Celle des *mares* sales, bourbeuses, pleines de fumier en putréfaction, et remplies d'insectes, peut devenir plus dangereuse encore.

Comment un homme sensé peut-il admettre qu'une semblable boisson puisse être salutaire ? et cependant on en trouve qui disent : *Les chevaux y sont habitués*. Oui, votre paresse les y a contraints ; mais donnez-leur une eau claire et limpide pendant quelques jours seulement ; présentez ensuite un seau de chacune, et voyez à laquelle ils donneront la préférence !

Nous avons vu des maladies enzootiques dévaster une partie du Boulonnais, qui n'étaient dues qu'à l'*eau de mare*, cesser leurs ravages aussitôt qu'on en eût interdit l'usage.

PANSAGE.

Le *pansage* ou *pansement* de la main favorise et entretient la transpiration insensible.

Quand il est négligé, une crasse onctueuse s'accumule sur la peau, en bouche les pores, et cette fonction si importante est altérée, diminuée.

Soustraction d'un côté, addition de l'autre : celle du canal alimentaire, douée d'une sensibilité inverse de celle de la peau, sera augmentée ; mais comme cette addition de vitalité est accidentelle, elle ne peut que disposer cet organe à devenir incessamment le siége de quelque maladie.

Cette importante opération peut rarement être trop bien faite.

ÉCURIES.

Les *écuries* sont d'ordinaire trop petites, trop peu aérées ; les chevaux y sont entassés les uns sur les autres ; toutes les issues par où l'air pourrait pénétrer sont hermétiquement bouchées à l'apparition des premiers froids ; celui qu'ils respirent est vicié, chargé d'émanations hétérogènes ; la température y est semblable à celle d'une étuve ; les pores de la peau sont toujours béants, et la transpiration est forcée et continuelle. Certes, il n'en faut pas davantage pour que l'impression d'une atmosphère froide, à la sortie d'un pareil milieu, produise de fâcheux désordres dans les fonctions de la vie. Ajoutons que si la moitié d'entre eux est couchée, l'autre est obligée de rester de bout : cet état de contrainte est encore aggravé par l'exiguité des longes.

On prétend que les chevaux peuvent dormir dans cette position, soit. Admettons que dans ce défaut d'espace la fatigue appesantisse leurs paupières ; mais peut-on considérer ce sommeil comme réparateur ? non , tous les organes du mouvement doivent jouir d'un repos parfait pour que la restauration des forces et des déperditions de la veille puisse avoir lieu.

Chabert signale cette cause comme une des principales de la morve *, et des observations nombreuses faites avec intention sur des chevaux de vile valeur, en les privant plus ou moins long-temps de la facilité de se coucher , nous ont convaincu de la vérité de cette assertion.

Là où un grand nombre de chevaux se trouve réuni, tel que dans les régiments de cavalerie et dans les grandes exploitations rurales , il n'est pas rare de voir chercher au loin les causes de maladies meurtrières et fréquentes ,

* *Traité de la Morve* , par Chabert. Chez madame Huzard , rue de l'Eperon , n° 7.

tandis qu'elles résident dans le trop petit espace qu'ils occupent.

TRAVAIL.

Les *forts travaux*, immédiatement après le repas, surtout pendant les chaleurs de l'été, sont une des causes les plus communes d'indigestions.

La peau, ce grand émonctoire, devient un centre d'action ; la transpiration est activée : la sueur s'établit ; les phénomènes qui s'y passent sont en opposition avec ceux qui doivent avoir lieu dans la digestion, et celle-ci languit. Ces dangers sont augmentés par l'accumulation, dans l'estomac, d'une grande quantité de fourrages que les animaux, pressés par la faim, déglutissent sans les broyer complètement. Il conviendrait mieux d'en donner peu, et plus d'avoine au repas du milieu du jour : ils s'en trouveraient mieux ; la somme de principes nutritifs serait la même, sinon plus forte, du moins sous un plus petit volume.

Le travail forcé est nuisible dans toutes les saisons : ceux qui le subissent n'atteignent pas une haute vieillesse.

Les longues haltes que les domestiques des fermes font dans les champs, quelque temps qu'il fasse, sous le spécieux prétexte de laisser prendre haleine à leurs chevaux, mais en réalité pour se reposer eux-mêmes, deviennent souvent la source d'affections qui, pour être lentes, n'en sont pas moins graves.

On concevra facilement que des animaux en transpiration, qui restent une demi-heure et plus dans une inaction absolue, exposés au vent froid et humide, à la pluie ou à la neige, doivent subir des accidents dont les suites peuvent être fâcheuses.

Leur immersion jusqu'au ventre, en revenant du travail, pour laver les jambes, est tout aussi pernicieuse.

Cet usage, qui n'est soutenu que par l'ignorance et la paresse, parce qu'il entretient une propreté apparente et dispense du bouchonnement des extrémités, porte tôt ou tard son fruit.

Signale-t-on cet abus? on répond que les animaux ne sont pas en sueur. La transpiration ayant lieu en tout temps, le travail doit nécessairement l'augmenter : la sueur n'est qu'une transpiration excessive, et pour qu'elle soit interceptée par l'application directe d'un corps froid, elle n'a pas besoin d'être outrée.

Si des maladies dangereuses n'en sont pas toujours la suite immédiate, plus tard on cherche vainement pour trouver la cause de maladies graves et inopinées dont les chevaux sont assaillis.

La conformation de certains chevaux est pour beaucoup dans la fréquence des affections que nous traitons. Ceux, par exemple, dont les jarrets sont droits, le flanc retroussé, le ventre lévreté, manquant par cela même de capacité pour loger convenablement les intestins, digèrent mal, ont souvent le corps dérangé, et se *vident* en route à chaque instant, lors de la moindre fatigue extraordinaire.

Nous bornerons ici la description des objets qui frappent le plus vivement nos sens et qui, employés sans discernement, ou mal administrés, peuvent, à chaque instant, devenir agents principaux des maladies.

Détailler toutes les causes qui, directement ou indirectement, peuvent donner naissance aux dérangements de la santé, nous mènerait trop loin : nous n'avons énuméré que les principales, et quoique leur nombre soit très res-

treint, peu d'entre nos lecteurs y prêteront
une attention sérieuse. Les cultivateurs vivent
dans une sécurité inaltérable, et se croient à
l'abri des atteintes du malheur : funeste pré-
vention ! Qu'un ou plusieurs de leurs animaux
soient étendus sur la litière, ils conviendront
de leur négligence, la déploreront, mais ne
s'en corrigeront pas davantage.

Ces causes sont plus fréquentes et plus multipliées dans le nord de la France que partout
ailleurs. La même journée peut voir la température de l'atmosphère varier de 6 et même de
10 degrés; un violent ouragan succéder à un
temps calme et serein, et le vent souvent im-
pétueux, changer plusieurs fois dans une ma-
tinée. Celui d'ouest, constamment froid et humide, y règne de cent dix à cent trente jours.
Les aliments, comme nous l'avons démontré
plus haut, y sont plus venteux que ceux d'aucun autre pays, et le régime des animaux, en
général, peu uniforme.

Pour expliquer la manière d'agir de ces causes, il faudrait entrer dans des détails physio-
logiques étrangers à notre sujet. Nous répéte-
rons seulement que toutes n'exercent pas une
action immédiate. C'est ainsi qu'on est parfois

étonné qu'un animal, en apparence bien portant, qui, la veille encore, manifestait tous les
signes de la santé, qui n'eut jamais la plus légère indisposition, succombe tout-à-coup sous
le poids d'une maladie douloureuse sans cause
apparente. Eh ! ne cherchez pas autour de vous
la source d'un mal dont l'origine date de loin !
vous ne la trouverez qu'au souvenir du passé,
comme un juste châtiment de votre incurie.

DEUXIÈME PARTIE

MALADIES.

« Le coursier , l'œil éteint et l'oreille baissée ,
» Distillant lentement une sueur glacée ,
» Languit , chancelle. tombe et se débat en vain. »
Del. , Géorg. , liv. III.

Les indigestions et coliques sont des maladies dont les noms, les causes, les symptômes et les caractères sont trop souvent confondus par le vulgaire.

Il est vrai que ces affections offrent bien des ressemblances entre elles qui les rendent quelquefois obscures et difficiles à différencier, même à l'œil exercé du praticien.

Si, comme l'homme, l'animal pouvait se plaindre à l'apparition du moindre malaise, notre tâche ne serait ni longue ni difficile. La médecine humaine a, sous ce rapport, un immense avantage sur la médecine vétérinaire : là, le malade parle et indique la source et le siége de ses souffrances ; ici, le malade se tait et n'indique rien ou peu de chose : il faut deviner et comparer des symptômes qui, dans bien des cas différents, se ressemblent, et, pour découvrir la cause, recueillir des renseignements tronqués, toujours incomplets et souvent célés par des domestiques insouciants, dans la crainte d'encourir le blâme des maîtres.

A la campagne, on est dans l'usage de pratiquer la saignée en toute occasion, qu'elle soit indiquée ou non, peu importe, excepté dans les coliques, en sorte que là où elle est indispensable, elle est omise ; mais on a soin de la remplacer par des moyens échauffants, excitants, tels que l'eau-de-vie, le vin, la thériaque, l'aloës et une infinité d'autres mélanges dont l'emploi est souvent mortel quand l'action maladive ne se passe pas exclusivement dans l'estomac.

D'autres, guidés par une pieuse crédulité, se contentent d'invoquer les saints et négligent le traitement des maladies. Prier Dieu, implorer sa bonté, c'est bien ; mais vouloir qu'il fasse des miracles quand, dans sa munificence, il nous a donné des moyens sans nombre pour soulager ou prévenir nos maux, c'est trop exiger, c'est méconnaître sa justice.

La médecine expectante est ici moins qu'ailleurs appliquable : les plus prompts secours sont les meilleurs; un instant de retard peut devenir funeste ; néanmoins, il faut prendre le temps nécessaire pour distinguer la maladie : bien connue et traitée en temps opportun, elle est à moitié guérie.

Avant de procéder au traitement, il est indispensable de s'informer du régime, du travail; de jeter un coup d'œil sur la nourriture et la boisson habituelle; en un mot, de scruter le présent et le passé, afin d'en découvrir la cause prédisposante ou occasionelle.

Les ignorants, qui jamais ne doutent de rien, dédaignent de semblables investigations : ils se hâtent d'ordonner un *remède* à-peu-près toujours le même, dans la crainte qu'un moment d'hésitation ne les fasse apprécier à leur juste valeur. C'est là précisément ce qui les distingue de l'homme instruit, qui, dans l'intérêt de sa réputation et de sa responsabilité morale, prenant la prudence pour guide, prescrit d'abord quelques moyens généraux utiles, observe et réfléchit avant d'agir, dans la crainte de commettre des erreurs.

Ces moyens généraux qui conviennent dans tous les cas et dont l'emploi suffit bien souvent

pour faire disparaître toute trace d'indisposition, sont :

1° Les lavements d'eau tiède ou de décoction mucilagineuse, tels que son, graine de
lin, mauve, guimauve, etc., répétés à d'assez courts intervalles;

2° Le bouchonnement des extrémités et de
tout le corps, et principalement du ventre avec
des bouchons de paille neuve. Deux et même
trois personnes peuvent à-la-fois se livrer à cette
occupation;

3° Soustraire et refuser au malade tout aliment solide, lui présenter de l'eau blanche légèrement dégourdie, s'il a soif, et l'attacher
assez court pour qu'il ne puisse pas se rouler.

Ce n'est pas sans motif que nous recomman-
dons cette précaution : les intestins contiennent des gaz et souvent une masse considérable
d'aliments; dans les mouvements désordonnés
que le malade fait en tout sens, une portion
chargée de matières durcies, pesantes, peut
se déplacer, se tordre et produire un étrangle-
ment, un *volvulus* qui, la maladie en elle-même,
fût-elle peu dangereuse, la rend toujours mortelle. L'ampleur et le volume du tube intestinal

dans les herbivores peuvent, quoiqu'on en dise, faciliter cet accident;

4° Quelque soit la colique, la saignée d'un litre ne peut pas être nuisible : cette opération doit être récidivée si, après une à deux heures, les douleurs ne sont pas calmées, à moins cependant qu'on soit assuré de la plénitude de l'estomac ; alors il faudrait auparavant favoriser la digestion des aliments qu'il contient, et ne pratiquer la saignée qu'après une attente de deux heures, quand la plus grande partie en est passée dans les intestins.

Ces moyens diététiques, la saignée exceptée, peuvent provisoirement commencer le traitement de toutes les maladies : la diète et l'eau ne nuisent jamais.

INDIGESTIONS.

Parmi les maladies qui attaquent le cheval, l'indigestion est une des plus fréquentes et des moins apercevables, quand elle n'est pas accompagnée de symptômes très caractéristiques. Quel est bien l'animal qui, autant que lui, doit être exposé à cette indisposition ? Régime, nourriture, travail, habitation, tout change, tout est soumis au caprice de l'homme et varie d'un instant à l'autre.

Là où il faudrait un œil exercé pour discerner un dérangement de la santé, le maître, n'y voyant aucune altération remarquable, ne change en rien ses habitudes, le malaise passe inaperçu et ne devient sensible que par ses conséquences.

Lorsque l'indigestion est légère, il est en effet impossible de s'en apercevoir : le cheval ne manifeste aucune souffrance, et comme c'est toujours après le repas qu'elle a lieu, on attribue naturellement sa taciturnité au besoin de repos que la nature indique à tous les animaux quand l'appétit est satisfait ; il continue son travail comme de coutume, sauf que plus paresseux, il a besoin d'être stimulé du geste et de la voix du conducteur ; elle s'achève, mais lentement, péniblement, et le repas suivant est en apparence mangé avec autant de plaisir que le précédent.

Il arrive cependant que l'animal perd l'appétit, alors une diarrhée fétide, accompagnée de douleurs intestinales, se déclare le lendemain, dure quelques heures, et n'a d'autres suites qu'une constipation de courte durée ;

mais souvent aussi elle est suivie d'une indisposition de plusieurs jours qui, faute de soins
hygiéniques, peut dégénérer en maladie
grave.

Elle décèle son existence par le soulèvement
des poils, des borborygmes, des flatulences ;
si la diarrhée n'a pas lieu, du moins les déjections tantôt naturelles, tantôt délayées sont
plus fréquentes pendant le travail ; les urines
du matin sont hautes en couleur, tandis que
celles du jour sont crues, et la soif plus pro-
noncée que d'ordinaire.

Il est des individus en qui elle est due à un
embarras gastrique ou à une disposition particulière des organes et chez lesquels elle se
renouvelle à des époques rapprochées ; dans ce
cas, le goût se déprave ; la langue est couverte
d'un enduit jaunâtre ; la bouche exhale souvent une mauvaise odeur ; il existe une plus ou
moins grande sensibilité à l'épigastre ; l'animal
recherche les substances salines ; comme il n'a
pas le choix de celles qui pourraient lui convenir, il lèche les murs auxquels il peut atteindre, ou mange de la terre ; plusieurs indigestions se succèdent ; l'estomac et les intestins
s'affaiblissent progressivement, et bientôt une

gastrite aiguë ou chronique. l'entérite, le vertige. des coliques ou quelque autre maladie grave se déclarent.

Une longue inaction, les mauvais fourrages, le passage subit et sans précaution du vert au sec et du sec au vert, le jeûne prolongé, la pénurie suivie d'abondance, l'avidité avec laquelle l'animal mange la trop grande quantité d'aliments appétissants, surtout ceux nouvellement récoltés ou des fourrages en grain, l'irrégularité du régime, une nourriture inhabituelle, une boisson insuffisante pour humecter convenablement le contenu de l'estomac, des opérations douloureuses * et la saignée pendant la digestion, les travaux forcés immédiatement après le repas, etc., y donnent lieu.

La dernière de ces causes doit être placée en première ligne, car elle l'occasione souvent.

Du reste, il faut scruter, autant que possible, le régime précédent, afin d'en découvrir la véritable.

Ces causes produisent quelquefois des effets plus visibles aux yeux les moins exercés, alors

* Nous l'avons vue survenir à la castration qu'on pratique imprudemment à toutes les heures du jour, au lieu de la faire le matin, l'animal étant à jeûn.

la maladie est accompagnée d'une série de symptômes alarmants; l'animal gémit, se plaint; l'œil est triste; la tête basse ou appuyée contre ou dans la mangeoire; le pouls tantôt plein, lent et dur, tantôt petit et accéléré; les extrémités rapprochées du centre et froides; la température de la surface du corps sensiblement diminuée; la respiration gênée; le poil piqué; il ne se roule jamais comme dans les tranchées, se couche rarement, et quand il s'y détermine, ce n'est que pour un instant; il s'étend d'abord, soulève ensuite lentement la tête et la pose l'espace de quelques secondes sur la région des côtes; se relève et se place dans sa première position; bâille souvent; frappe du pied par intervalles, non avec la même force que dans la colique, mais comme s'il voulait gratter la terre; enfin, il indique des souffrances qui, pour n'être pas toujours aiguës et mortelles, n'en sont pas moins douloureuses : c'est une véritable *gastrodynie ou colique stomacale.* Comme le vomissement dans le cheval est impossible, le traitement doit tendre à favoriser la digestion en calmant l'irritation.

Le vin, ou une infusion théiforme de plantes aromatiques, telles que la camomille romaine, la sauge, le thym, la lavande, etc., conviennent et suffisent quelquefois. Cependant le remède le plus efficace et dont l'effet est aussi prompt que certain, c'est l'éther sulfurique, depuis une once jusqu'à quatre, dans un des véhicules précités, et au besoin dans un demi-litre d'eau froide.

L'éther, mis en contact avec l'estomac, se vaporise instantanément et enlève la surabondance de chaleur (calorique) qui y est accumulée.

C'est ainsi du moins qu'on explique l'action calmante de ce précieux liquide.

Quand on aura le choix, on donnera toujours la préférence au vin : quel que soit du reste le véhicule, il devra être froid, sans quoi l'éther serait volatilisé avant d'être administré.

Le bouchonnement sur l'épigastre, ou mieux sur tout le ventre, quelques lavements d'eau tiède et la couverture sont des accessoires qu'il ne faut pas négliger.

Si, malgré tous ces moyens, la maladie poursuivait son cours, il faudrait en récidiver l'administration et ajouter à la potion une demi-once d'opium liquide (laudanum).

Le cheval étant guéri, doit être mis au régime blanc pendant deux à trois jours, et dispensé durant ce temps de tout travail pénible, ce qui ne veut pas dire qu'il doive rester à l'écurie dans une inaction absolue.

L'*indigestion aigue* ne diffère du plus haut degré de la précédente que par l'exacerbation et son plus d'intensité; l'animal est dans une inquiétude continuelle; sa respiration est pénible, laborieuse; les membranes muqueuses de la bouche sont pâles; l'œil triste, quelquefois hagard; mais alors, poussé par la douleur, il manifeste des mouvements désordonnés comme s'il avait le vertige cérébral; des sueurs froides, mais partielles, ont lieu; l'estomac est distendu par les gaz qui s'échappent des aliments; les déjections sont nulles; tout le corps est froid; les extrémités raides et le pouls tellement petit et vif, qu'il n'est plus possible de le définir.

Quand la maladie est arrivée à ce point, une funeste issue est à craindre.

Les mêmes causes, à quelques différences près, peuvent la développer; cependant elle est ordinairement due à des aliments farineux très échauffants ou très fermentescibles. Ainsi, qu'à une surcharge de l'estomac se joigne une grande quantité de son, de vesce, de pois, de lentilles, une fermentation aura lieu, l'organe sera promptement distendu, et bientôt l'anxiété et les autres symptômes se manifesteront *.

Nous avons dit, en parlant des causes en général, combien le seigle en grain constituait un aliment dangereux, aussi voyons-nous, dans le courant de certaines années où cette céréale abonde dans l'hivernage, un grand nombre de chevaux succomber à des indigestions dont la marche est tellement rapide qu'on n'a pas le temps d'y porter remède : cinq à six heures est le plus long terme de leur souffrance.

Les habitants des pays où elle n'entre point dans la composition des fourrages, se rendront moins bien compte de ses effets que ceux du nord de la France.

Le traitement est à-peu-près le même que celui précédemment décrit, si ce n'est qu'il faut ici des spiritueux plus actifs, tels que les vins du midi, de l'eau-de-vie, un demi-litre

* *Voyez* la note de la page 40 : c'est l'indigestion dont nous parlons à laquelle nous avons vu succomber tant de chevaux et en si peu de temps. Dans les régiments de cavalerie en garnison, elle est fort rare, parce que la nourriture est uniforme et rationnée ; ils ne peuvent faire aucun excès, aucun écart de régime.

seul ou avec du vin, mais toujours l'éther à forte dose, comme agent principal, et mieux encore un mélange de deux onces de celui-ci, et de deux gros (un quart d'once) d'alkali volatil (esprit de sel ammoniac) dans un litre de bon vin. Cette mixtion nous a fréquemment réussi. Les gaz qui distendent l'estomac sont à l'instant condensés, et les douleurs cessent.

Ajoutons cependant que les secours doivent être donnés le plus promptement possible, le moindre retard deviendrait funeste.

Des lavements d'eau froide ou d'eau de savon, dans l'intention de provoquer des évacuations, des frictions long-temps continuées sur le ventre compléteront les moyens qu'il convient d'employer.

Quand le malade succombe, on trouve l'estomac enflammé, souvent déchiré, et une grande quantité de gaz répandue dans les intestins; les vaisseaux du cerveau gorgés, les enveloppes (méninges) injectées, lésions qui caractérisent une mort violente.

VERTIGE SYMPTOMATIQUE
OU ABDOMINAL, FIÈVRE GASTRIQUE.

Quand l'indigestion se répète souvent, sans

être convenablement traitée, la maladie
change de nature; le cerveau en devient
le siége principal *, sympatiquement affecté par l'irritation produite sur les organes
digestifs; il s'enflamme ainsi que les membranes qui lui sont propres, principalement
l'arachnoïde, du moins sur elle la phlegmasie
est la plus apparente; ses fonctions restent
comme suspendues; les sens sont obtus, le
pouls est petit et serré, vif ou lent selon la
gravité des lésions; les extrémités sont raides
et froides; la tête basse ou appuyée contre un
corps dur quelconque; l'animal refuse tous les
aliments qu'on lui présente; il est assoupi et
souffre le placement du doigt dans l'oreille

* La maladie ayant pris sa source dans l'estomac,
et la phlegmasie du cerveau n'en étant que la suite, ne
conviendrait-il pas de la décorer du nom de *gastro cé-
phalite?* La science vétérinaire abonde en termes
barbares qu'il serait bien temps de voir disparaître :
que signifient, en effet, les noms de *fourbure*, *mor-
fondure*, *courbature*, *fortraiture*, *vertige*, *tournis* et
une infinité d'autres plus surannés, plus absurdes les
uns que les autres?

Un jeune savant, dont les talents précoces promet-
taient qu'il serait un jour l'ornement et la gloire de
l'art, GIRARD fils, professeur à l'école d'Alfort, s'était
déjà élevé avec force contre cette dégoûtante nomen-
clature, dans un discours riche de style et d'idées, pro-
noncé le 27 octobre 1822. La médecine a fait en lui
une perte irréparable.

sans se défendre ; enfin, son état est une parfaite impassibilité ; mais l'inflammation ayant
fait des progrès, la scène change, les yeux deviennent hagards ; il ne voit et n'entend plus ;
reste insensible au châtiment ; exécute des
mouvements désordonnés ; se cabre, se ren-
verse et se tue quelquefois ; la frénésie est à son
comble ; un calme comateux survient, et la
sueur se fait jour de toute part ; mais bientôt
l'agitation recommence, il se jette par terre ;
des convultions se manifestent ; les yeux tour-
nent, pirouettent dans leur orbite ; il se débat
et meurt.

Une seule indigestion, dans un sujet bien
portant, n'occasione jamais cette maladie ;
elle est toujours due à plusieurs qui se sont
succédées à de courts intervalles, et dont le
développement a été favorisé par une prédis-
position de l'estomac qui, long-temps avant
qu'elle ne se montre, est tombé dans une
inertie telle qu'il ne fait plus ses fonctions ;
l'inaction prolongée de l'animal y contribue ;
son irruption prochaine est annoncée plusieurs
jours d'avance par des bâillements fréquents,
l'inappétence, la teinte jaunâtre des muqueuses
et l'irrégularité du pouls.

Jamais elle ne survient à l'indigestion aiguë avec laquelle beaucoup de praticiens l'ont confondue ; la marche de celle-ci est trop rapide ; le malade en guérit ou meurt : c'est à cette confusion que cette dernière doit le nom d'*indigestion vertigineuse*.

Elle est quelquefois due à un amas considérable de vers dans les intestins et à beaucoup d'autres causes que notre intention n'est pas de relater, attendu que nous ne devons l'envisager ici que comme suite d'indigestion. Passons au traitement.

Quand on s'aperçoit de son existence dès les premiers instants de son apparition et pendant la plénitude de l'estomac, on doit faire uniquement usage d'infusions antispasmodiques fortement éthérées, afin de favoriser la digestion en calmant l'irritation, sauf à recourir à des moyens plus actifs si ce traitement reste sans effets.

Quand l'estomac est vide, plusieurs saignées déplétives, à peu de distance l'une de l'autre, sont indiquées ; plus tard elles sont souvent inutiles.

Des lotions d'eau froide sur la tête, de larges

vésicatoires, ou mieux des sétons * activés par l'essence de thérébentine aux fesses et à l'encolure, des lavements irritants, le bouchonnement long-temps continué sur le ventre et les extrémités, et principalement les purgatifs, sont les moyens les plus accrédités et les seuls dont on puisse espérer quelque succès.

Cependant le choix de ces purgatifs n'est pas indifférent : ceux qui hâteront le mieux l'acheminement des matières excrémentitielles vers le rectum, par la forte secousse qu'ils impriment aux intestins, méritent la préférence ; l'aloës à grande dose et de quatre à six gros d'émétique, triturés avec un jaune d'œuf et incorporés dans du miel, constituent, dans ce cas-ci, le purgatif par excellence **. Si le ma-

---

* Les Allemands sont les premiers qui, dans le traitement du vertige, ont employé la cautérisation sur le crâne ; les uns se contentent d'appliquer quelques boutons de feu pénétrants au sommet de la tête ; d'autres soulèvent le toupet, et après avoir transpersé la peau d'un bistouri, y introduisent un tisonnier rond, chauffé à blanc, qu'ils y tiennent pendant cinq à six secondes ; ils pratiquent la même opération au haut de l'encolure et passent dans les plaies une mèche enduite d'un onguent épispastique. Ces moyens sont barbares, mais réussissent souvent.

** J'ai lu quelque part que l'émétique ne convenait pas dans le vertige : le praticien qui avance cette pro-

lade était doux et patient, il vaudrait mieux lui faire prendre ces substances sous forme liquide, dans un véhicule mucilagineux, leur effet n'en serait que plus sûr et plus prompt ; mais il faut éviter de l'exaspérer par la force s'il se gendarme, ce serait aggraver la maladie.

Comme dans les affections cérébrales et nerveuses il est difficile d'émouvoir le canal intestinal, d'y produire une action prompte et déterminante, dans les chevaux du moins, on peut sans crainte administrer un second purgatif peu d'heures après le premier, dût-on, après, remédier à une superpurgation.

Les sétons ne doivent pas être mis en usage

position s'est apparemment fondé sur une non réussite dans son emploi Mais à quelle époque de la maladie en a-t-il fait usage ? Etait-ce bien le vertige ? N'a-t-il pas confondu avec lui une indigestion aiguë ? Doit-on, d'ailleurs, en médecine, s'en rapporter à un fait isolé, en tirer une conséquence rigoureuse ? Je soutiens, au contraire, et j'ai l'expérience pour moi, que de toutes les préparations pharmaceutiques, ce sel, employé en temps opportun, est la meilleure, pour ne pas dire la seule qui puisse efficacement combattre cette maladie. Je l'ai administré avec succès à la dose de deux onces, en lavage, dans l'espace de dix à douze heures. L'hydro-thorax dans le cheval et le chien, réputé incurable, a cédé à son emploi. Il agit, dans le cheval, plutôt en stimulant qu'en irritant. Il en faudrait des quantités énormes pour empoisonner.

dès le principe : ils sont parfois dangereux dans les maladies où le système nerveux joue le principal rôle, en donnant lieu à une funeste exacerbation. L'affection cède souvent à la saignée et aux remèdes internes ; dans le cas contraire, on doit y avoir recours sans ménagement, et ne pas attendre qu'il soit trop tard.

Il n'est malheureusement que trop vrai que, malgré les soins les plus appropriés, les animaux succombent souvent ou guérissent incomplètement. Dans ce dernier cas, un colapsus, une certaine stupeur leur reste toute la vie ; ils mangent lentement, de préférence par terre, la tête baissée, et paraissent souffrir en la portant au râtelier ; ils sont raides ; la sensibilité est émoussée ; ils ont de la peine à reculer, à décroiser les extrémités, etc. CHABERT et LAFOSSE ont désigné cet état sous le nom d'*immobilité*. La morve termine assez souvent leur existence. Quelquefois il leur vient une ou plusieurs énormes tumeurs critiques qu'il est bon de favoriser, car elles sont toujours suivies d'un mieux notable.

COLIQUE INFLAMMATOIRE SUR-AIGUE,

COLIQUE DE SANG, TRANCHÉES ROUGES,

COLIQUE NOIRE, etc.

Tous ces noms sont indistinctement donnés à l'entérite ou inflammation de la membrane muqueuse des intestins : maladie terrible qui, dans nos campagnes où elle est ordinairement confondue avec la colique spasmodique ou tranchées, et traitée comme elle, enlève une infinité de chevaux qui n'y succomberaient pas si elle était mieux appréciée.

Jamais elle ne se manifeste sans avoir été précédée, durant un ou plusieurs jours, de quelques signes d'indisposition. L'animal est sombre, a l'œil triste, le regard terne, la bouche chaude et sèche, le poil soulevé, les urines colorées, les déjections plus dures et plus rares que de coutume ; il boit beaucoup, mange peu et lentement.

Ces signes précurseurs font bientôt place à des symptômes effrayants : le pouls, d'élevé qu'il était, devient plein, dur et fréquent ; la pupille est très dilatée ; les yeux annoncent une profonde inquiétude ; la bouche est brûlante ; la respiration accélérée ; le malade se couche, se relève, se plaint, grince des dents, frappe des pieds, regarde long-temps son ventre et indique ainsi le siége de la douleur; il est rare qu'il se roule; il refuse tous les aliments solides et liquides; les déjections sont suspendues et les souffrances sont continues et sans relâche.

Voilà pour ce qui concerne la période imminemment inflammatoire. Si, pendant sa durée, les secours ont été négligés, un ensemble de phénomènes plus alarmants se montre; le pouls devient serré. petit, accéléré, et finit même par être impalpable; des sueurs générales ou particlles, mais froides, se déclarent; un tremblement de tout le corps ou de quelques-unes de ses parties, notamment des muscles, des bras et des cuisses, a lieu; la membrane muqueuse de la bouche passe du rose pâle au blanc; la chaleur abandonne toute la surface du corps; la circulation et toutes les forces de la vie se concentrent; la nature semble vouloir faire un dernier effort pour combattre son anéantissement prochain, mais en vain; la gangrène s'établit; l'animal souffre moins; il paraît soulagé; ce mieux apparent est bien trompeur, car la mort ne tarde pas à survenir.

★

L'issue de cette maladie est rarement heureuse, quand l'inflammation réside dans les intestins grèles : sa marche alors est tellement rapide que peu d'heures suffisent pour voir périr le malade.

A la durée près, il en est de même quand elle reconnaît pour cause le déplacement ou l'invagination d'un intestin, ou la présence de volumineuses concrétions terreuses ou calcaires dans une partie de ce tube.

Sans doute la nature, plus puissante que l'art, peut, dans certains cas, par un concours de circonstances imprévues, triompher de l'obstacle, mais il faut rarement y compter.

Les invaginations sont dues à un excès d'aliments indigestes, tels que le foin avarié et surtout le son, qui, parcourant plus lentement le trajet du canal alimentaire, y fermentent, se dessèchent, adhèrent aux parois et en entraînent une portion dans leur marche.

Les chiens qui mangent beaucoup d'os et mènent une vie sédentaire y sont très sujets.

D'après ce qui précède, il est aisé de voir que le traitement de l'*entérite* doit tendre à calmer la douleur, à relâcher les intestins, à faire cesser l'inflammation.

Ici encore, les secours doivent être prompts et donnés pendant la première période de la maladie. C'est par la saignée qu'il faut débuter : la première doit être déplétive sans être trop copieuse, dans la crainte de produire un effet contraire à celui qu'on veut obtenir.

Une soustraction trop soudaine, trop abondante dépasse le but en procurant un relâchement trop marqué ; elle enlève aux parties affectées la faculté de se résoudre, et la gangrène survient.

Cette première saignée sera, dans tous les cas, subordonnée à l'âge et à la force de l'individu. Il serait absurde de la faire aussi forte à un poulain de deux ou trois ans qu'à un cheval de six ou sept ans, d'un tempérament sanguin. Pour le premier, elle sera de deux livres (environ un litre), et pour le second, près du double. Après une heure et demie, elle sera renouvelée, et ainsi de suite, mais toujours en diminuant, au fur et mesure que le pouls s'assouplit et que le calme survient.

Si le traitement avait été entrepris au commencement de la seconde période, et que le pouls fût petit et serré, le pronostic le plus favorable serait de le voir s'assouplir et s'élever en même temps : on peut l'espérer, mais non le promettre.

Dans l'intervalle de la seconde à la troisième saignée, on fera prendre un bain tiède qui, l'été, se donne au soleil, et pendant les saisons froides, dans une écurie ou étable chaude ; voici la manière de l'administrer : On fait chauffer une grande quantité d'eau à une température de dix degrés de plus que celle qui, en pareil cas, conviendrait à l'homme ; on la verse dans deux cuviers, un de chaque côté du malade ; on y trempe deux couvertures qu'on étend sur tout le corps et les y applique partout avec des sangles, des cordes ou des liens de paille qu'on a soin de ne pas serrer ; ensuite deux personnes, munies chacune d'un vase, en versent lentement et progressivement, mais sans interruption, sur toute l'étendue de ces couvertures.

Cette opération doit durer une heure au moins, après quoi on enlève l'eau à l'aide de vieux couteaux, et on bouchonne vivement le corps et les extrémités jusqu'à ce qu'ils soient secs.

Si l'animal veut boire, ce qu'il ne fait ordinairement que quand un mieux sensible a lieu,

on lui présente de l'eau blanche tiède, très légèrement acidulée par le vinaigre ; dans le cas
contraire, on lui entonne de temps à autre
quelques bouteilles de décoction légère de
graine de lin ou de racine de guimauve ; des
lavements de la même décoction seront administrés d'heure en heure.

On les donne à des distances si rapprochées
dans l'intention de détremper les matières
stercorales qui pourraient être amassées et
durcies dans le rectum et plus loin, et d'en
provoquer l'expulsion, car ordinairement les
inflammations intestinales sont accompagnées
de constipation, rarement de diarrhée.

Le bain pourra être réadministré une seconde
fois, après quatre à cinq heures d'intervalle.

Tant que les souffrances ne seront pas ap-
paisées, on tiendra du son chauffé dans de
l'eau et enveloppé d'un drap, appliqué sur
tout le ventre : cette embrocation étant de la
plus grande utilité, doit être souvent renouvelée.

Du reste, les extrémités seront bouchonnées,
le corps entouré d'une couverture de laine, et
le malade laissé dans un repos absolu.

Après la guérison, il faut bien se garder de

le soumettre au travail et plus encore de le nourrir comme à l'ordinaire ; il doit rester au moins quarante-huit heures au régime blanc, ne faire qu'une promenade vers le milieu du jour, si le temps le permet, et n'être rendu à ses habitudes que lentement et par degrés.

La durée de la maladie, si le traitement a été commencé avec elle, n'est que de huit à quinze heures ; au delà de ce terme, le danger est imminent ; dans ce cas, le pauvre animal souffre cruellement pendant trois et même quatre jours avant de succomber.

Parmi les causes nombreuses qui peuvent la développer, les arrêt-transpirations qui surviennent par l'inaction des animaux à l'air froid, après avoir été échauffés par un travail forcé, le passage à l'eau, n'importe la saison, durant la sueur, l'usage de médicaments irritants, échauffants, la métastase par l'imprudent emploi de moyens répercussifs dans les maladies externes, telles que la gale, les dartres, les eaux aux jambes, les violents purgatifs, etc., tiennent le premier rang.

Il n'est pas toujours également facile de fuir la première ; mais il est aisé d'en diminuer l'influence par la couverture, tandis que les animaux subissent ce dangereux repos ; quant aux autres, on peut les éviter.

COLIQUE STERCORALE,
Vulgairement désignée sous les noms de BARRURE *et de* CONSTIPATION.

Elle a beaucoup de similitude avec la précédente, si ce n'est que les souffrances sont moins aigues au début. L'animal a aussi perdu sa gaieté plusieurs jours avant qu'elle ne se déclare. Néanmoins il mange comme de coutume jusqu'au moment où les premières douleurs se font sentir. Dans l'entérite il n'en est pas ainsi, car dès l'instant où les instestins deviennent un centre d'action, état qui précède d'assez loin la manifestation des symptômes diagnostifs, et dont la durée est toujours en raison du tempérament du sujet, l'appétit diminue.

La colique stercorale est une des maladies les plus dangereuses, parce qu'à l'apparition des signes qui dénotent son existence, l'inflammation s'est déjà plus ou moins fortement emparée du canal intestinal ; son siége principal est toujours dans le cœcum, où une masse énorme d'aliments fibreux s'est successivement accumulée et durcie.

Le ventre est plus dur, plus lourd et moins sensible que dans l'entérite. Le malade se couche, reste long-temps et tranquillement dans cette position, en regardant continuellement son flanc ; il se relève lentement ; ses yeux sont ternes, moins ouverts que de coutume, et paraissent comme enfoncés dans leur orbite ; d'où il résulte que son regard, au lieu d'être celui de l'anxiété ou de l'inquiétude, n'exprime que la tristesse et l'abattement.

La douleur qu'il endure dans le principe est sourde, mais supportable, ses mouvements lents et mesurés l'attestent ; son flanc n'est que faiblement agité ; le pouls, d'abord plein et lent, se concentre et s'accélère au fur et mesure que l'inflammation fait des progrès ; les déjections sont nulles ; son attention est tellement absorbée par les maux que dans l'intérieur il éprouve, que pour tout le reste il semble être devenu impassible.

Si, dans cette situation, il n'est pas efficacement secouru, le ventre se météorise, de bruyants borborygmes se font entendre, le pouls tombe, la respiration devient pénible, des sueurs froides et d'atroces douleurs **ont** lieu; il se débat vivement, couché sur le côté; la gangrène s'établit, des convulsions surviennent et il expire.

Cette maladie est due, la plupart du temps, à trop d'aliments appétissants. Le son privé de farine et le foin donnés en abondance l'occasionent; les matières fibreuses excrémentitielles s'accumulent dans l'intestin, s'y dessèchent et en interceptent le passage; un absolu et long repos et des plaies sur la surface du corps favorisent cette accumulation; elle succède encore à une diarrhée ou relâchement résultant d'une indigestion, à l'usage immodéré d'aliments échauffants, à l'abus des purgatifs drastiques, etc.; mais, en général, les chevaux doués d'un grand appétit, qui mangent vite et beaucoup, y sont plus spécialement sujets; ceux qui sont rationnés et soumis à un exercice régulier en sont rarement atteints.

A l'ouverture du cadavre on trouve toujours dans les gros intestins, qui alors sont gangrénés, un amas considérable et compacte de substances alimentaires, souvent mal digérées.

Le but qu'on doit avoir en vue dans le traitement, c'est de parvenir à relâcher le ventre, à détremper et à expulser les matières stercorales qu'il renferme.

La saignée est encore indispensable ici ; elle préviendra l'inflammation, ou du moins la retardera et en diminuera l'intensité si elle doit avoir lieu ; elle détendra l'intestin irrité par la masse énorme qui l'obstrue, autour de laquelle il paraît se contracter convulsivement.

Une seconde et troisième saignée *, chacune à deux ou trois heures de distance, selon le besoin, sont indiquées ; mais dans les intervalles qui les séparent, il ne faut pas rester spectateur oisif : des frictions long-temps continuées, des embrocations émollientes chaudes, telles que de son, de mauves, etc., des bains de vapeur, ou mieux encore des lotions tièdes sur le ventre, seront alternées et souvent réïtérées ; un bain général, comme nous l'avons décrit plus haut, fera le plus grand bien.

D'heure en heure on donnera un lavement d'eau de savon, ou d'une solution de deux

---

* S'il était possible de les pratiquer aux veines saphènes, vulgairement dites du *plat des cuisses*, il faudrait donner la préférence à ce lieu, parce qu'en agissant directement sur le système de la veine porte, leur effet doit être plus prompt et plus immédiat.

gros d'aloès, et mieux que tout cela, d'un gros d'émétique.

Si le temps est beau, la promenade au pas, de temps à autre, ne sera pas nuisible, surtout après avoir administré les premiers breuvages.

Quelques écrivains ont conseillé l'usage intérieur des purgatifs drastiques en faible quantité, pour faire cesser la constipation. Certes, ce n'est pas l'expérience qui a pu leur en suggérer l'idée, car ils ne peuvent qu'aggraver le mal en irritant davantage la membrane villeuse de l'estomac et des intestins et hâter la mort. Qui ne sait que les résines telles que l'aloès, le jalap, purgatifs ordinaires des chevaux, produisent presque toujours, à petites doses, des effets en sens inverse à ceux qu'on en attend? Ils rendent la constipation plus opiniâtre et le danger plus imminent : le remède serait pis que le mal. S'ils avaient indiqué les sels cathartiques, surtout la crême de tartre (*tartrite acidule de potasse*), unis à une faible dose d'aloès dans une décoction mucilagineuse, on pourrait croire le conseil fondé sur l'observation, car en effet un semblable purgatif peut convenir principalement avant que les douleurs se soient manifestées, quoique souvent il se borne à se frayer un passage à travers les matières durcies, en entraîne une petite partie, mais dérange peu ou point la masse qu'il est urgent de déplacer et d'expulser.

Pour atteindre ce but, il faut, sans irriter fortement, imprimer une secousse vigoureuse à tout le canal intestinal, et, parmi les moyens sans nombre que nous avons employés, celui qui nous a le plus souvent réussi, c'est l'émétique à forte dose et en grand lavage, dans une très faible * décoction de graine de lin ou de racine de guimauve, et beaucoup plus efficacement dans une décoction d'oseille, si la saison permet de se procurer cette plante. Une once dans quatre pots de véhicule, dont on donnera un quart, d'heure en heure, est suffisante pour un cheval de labour ordinaire d'âge fait. Pour un grand et fort, on peut sans crainte porter la dose jusqu'à une moitié en sus, et davantage si, après huit heures, les déjections fréquentes n'ont pas annoncé le réta-

---

* Les décoctions mucilagineuses en général qu'on donne en grande quantité, doivent toujours être faibles, attendu que, épaisses, elles sont très indigestes et pourraient plutôt nuire que faire du bien.

blissement des fonctions du canal alimentaire.

Cinq à six gros suffisent assez souvent pour un plus petit ou plus jeune, et dans le cas contraire une augmentation est sans danger.

Un demi-gros de ce sel métallique produit, dans le cheval, un si léger effet, qu'il passerait inaperçu s'il n'agissait comme diurétique. A plus forte dose, il accélère le mouvement péristaltique des intestins, en les stimulant sans les irriter, et provoque l'expulsion des matières qui les embarrassent, comme nous l'avons déjà dit.

La graine de lin étant le moins dispendieux et le plus facile à se procurer de tous les mucilagineux, on lui donnera la préférence : deux onces dans neuf ou dix pots d'eau en ébulition durant un quart d'heure, fournissent un mucilage convenable.

Le chien et le cochon sont également sujets à cette maladie ; les purgatifs ordinaires suffisent communément pour les en guérir.

COLIQUE SPASMODIQUE,

Plus connue sous les noms de TRANCHÉES *ou* COLIQUES VENTEUSES.

Maladie très fréquente, à laquelle l'affaiblis-

★

sement des organes de la digestion, résultant de l'irrégularité du régime, d'un exercice violent et journalier, de l'usage prolongé d'aliments malsains, prédispose.

Les substances alimentaires séjournent peu dans l'estomac du cheval ; ses besoins fréquents le prouvent ; la digestion s'achève dans les intestins. Quand elles arrivent mal digérées dans ces derniers, elles y séjournent plus long-temps que quand le système digestif jouit de toutes ses facultés vitales ; leur élaboration languit et reste imparfaite ; elles fermentent et laissent échapper des gaz qui, rarement assez abondants pour produire mécaniquement, comme dans la tympanite, les souffrances que l'animal endure, occasionent, *par leurs seules qualités délétères*, des contractions spasmodiques dans lesquelles résident toute la maladie *.

Elle doit sa naissance à des causes dont les

* Pourquoi n'en serait-il pas ainsi, lorsqu'on sait que la maladie des bêtes à laine, la *falère*, dont la marche est tellement rapide qu'on ne s'aperçoit de son existence que quand les animaux sont à l'agonie, n'est due qu'à la présence du gaz hydrogène carboné dans le canal intestinal ; que l'homme éprouve souvent de vives douleurs d'entrailles uniquement causées par quelques bulles de gaz pernicieux dont l'expulsion le soulage sur-le-champ ?

nes sont instantanées, tandis que les autres datent de plus loin.

Parmi les premières on compte une boisson trop froide qui, opérant une constriction des vaisseaux de l'estomac, donne lieu à un arrêt-transpiration dont l'effet se fait aussitôt sentir; la course après avoir bu; l'exposition tranquille à l'air froid ou à la pluie et le passage dans l'eau, ou l'enlèvement de la selle pendant la sueur.

Parmi les secondes se distinguent : l'usage immodéré de l'avoine, de l'orge en grain, de l'hivernage et autres aliments échauffants ou fermentescibles; de tous les longs fourrages trop nouveaux ou avariés; l'interruption fréquente de la digestion par un fort travail durant la plénitude de l'estomac, et enfin une disposition particulière des organes digestifs dont l'origine est souvent inconnue.

Quand cette colique survient aux juments pendant la gestation, et que sa durée se prolonge au delà de deux heures, l'avortement est à craindre.

Cette durée dépend toujours de la cause; il est impossible d'en assigner le terme; c'est ainsi qu'elle peut n'être que d'une ou deux heures, ou de douze à vingt-quatre heures et même plus.

Si elle n'est que le résultat d'un arrêt-transpiration, ou de la présence de gaz irritants, elle cédera promptement à de faibles moyens. Si, au contraire, elle est compliquée de constipation par le séjour d'un amas considérable de matières fibreuses, ou que ces matières, sans être très abondantes, soient, par leur nature ou la faiblesse des organes, dans une fermentation continuelle, elle sera plus rebelle et plus dangereuse, surtout si l'issue par le rectum est interceptée aux émanations gazeuses ; dans ce dernier cas, le ventre se tuméfie, les douleurs sont atroces ; toutes les déjections suspendues ; le malade devient insensible aux impressions extérieures, ne frappe plus des pieds, et, courbant la colonne vertébrale de l'un ou l'autre côté, il se laisse tomber comme une masse inerte : six à dix heures suffisent pour le voir expirer après avoir souffert une affreuse et longue agonie.

Cette terminaison n'est heureusement pas commune, à moins que, méconnue, la maladie n'ait été mal traitée, comme il arrive souvent dans les campagnes et les villes où, faute de vétérinaires, de nombreux empiriques exercent leur funeste savoir et se disputent les victimes.

Dans le principe de la maladie, le pouls est ordinairement peu dérangé ; quelquefois cependant il est plein, alors l'inflammation est à craindre ; mais la plupart du temps, sauf quelques exceptions, il n'annonce aucune espèce de danger.

Entre les symptômes qui la caractérisent, il en est qui sont communs à quelques-unes des affections précédemment décrites ; mais il en est aussi d'essentiellement pathogomoniques, d'inhérents à l'espèce, qui les différencient de toute autre.

Parmi ces derniers, nous distinguerons les suivants : dès le début, le malade se tourmente, change de place, se jette par terre et se roule vivement sur le dos ; se relève, se couche et se roule encore ; ses yeux sont ardents et hagards ; il frappe la terre des pieds de devant avec violence et colère, et le ventre avec les postérieurs ; le flanc est agité par la douleur et l'anxiété, et les mouvements précipités qu'il exécute en tout sens ; il le regarde, mais à beaucoup près, pas aussi long-temps que dans les coliques précédentes; y porte la bouche et même le mord quelquefois; de bruyants borborygmes se font entendre, et par moments un calme assez long pour induire en erreur remplace les souffrances.

L'indication dans le traitement est de prévenir l'inflammation, d'appaiser les spasmes des intestins et d'en expulser les gaz délétères et les matières excrémentitielles qui les encombrent en rétablissant la liberté du ventre.

Si le sujet est vigoureux et d'un tempérament sanguin, l'évacuation d'un litre de sang, et plus s'il est grand et fort, sera une première et sage précaution; et si, après avoir administré une à deux onces d'éther dans un véhicule approprié, tel qu'une infusion froide de plantes aromatiques ou sudorifiques, la cause présumée en déterminera le choix; des lavements savonneux ou émétisés, la promenade au pas, le bouchonnement vif et long-temps continué sur le ventre, et la couverture, un mieux sensible n'a pas lieu, on répétera cette opération qui, d'ordinaire, est bientôt suivie de la guérison.

Au défaut d'infusion, on donnera l'éther tout simplement dans une chopine d'eau froide ou

dans la moitié de cette mesure d'huile végétale
fine ; quand les spasmes sont violents, on y
ajoute avec succès une demi-once de laudanum (teinture d'opium).

Si la maladie résiste à ces soins et dure au
de là de deux à trois heures, si les borborygmes
et les flatulences sont rares ou nuls, si à cela
se joint la dureté, l'ampleur et l'inertie du
ventre, il sera permis de soupçonner l'accumulation d'une grande quantité de matières
durcies dans les gros intestins, vers la prompte
expulsion desquelles tous les efforts du médecin doivent dès-lors être dirigés, car tant que
ce foyer de fermentation subsiste, on espère
en vain de voir le terme de la maladie.

Ce ne sont plus les infusions éthérées et
moins encore opiacées qui peuvent convenir,
c'est l'émétique, depuis un gros jusqu'à deux,
selon l'âge et la force de l'individu, dans une
abondante mais faible décoction mucilagineuse. Cette dose doit être répétée à une heure
d'intervalle, à moins que la première ne produise de bons effets, et plus souvent si le besoin l'exige.

Cependant si les douleurs laissent de temps
à autre un peu de relâche, si des borborygmes

ont lieu, on pourra, après un certain laps de temps, l'alterner avec de légers antispasmodiques.

Communément la maladie se termine par des flatuosités accompagnées et suivies de matières stercoraires délayées, d'une odeur plus ou moins fétide, suivant les gaz qui se sont développés.

Quand la mort en est l'issue, l'autopsie offre des traces d'une phlegmasie intense dans quelques parties des intestins, qui souvent la fait confondre avec l'entérite essentielle et décrire sous ce nom.

Après la guérison, le malade doit rester au moins un jour en repos et deux, s'il est possible, et n'user que d'un régime délayant, de la paille de l'eau blanche, et quelques lavements d'eau tiède : ses aliments accoutumés ne doivent lui être rendus que peu à peu et avec prudence.

Quelques praticiens ont conseillé l'emploi de l'éther nitrique, de l'huile essentielle d'anis, etc. : ces moyens peuvent convenir; mais la difficulté de bien conserver le premier et leur prix doivent les faire proscrire; l'éther sulfurique remplit d'ailleurs parfaitement le but qu'on se propose dans la médication.

L'apparente ressemblance qui existe entre les trois coliques dont nous venons de nous occuper pouvant induire en erreur, nous croyons devoir comparer sommairement les symptômes qui les différencient, afin que l'homme le moins exercé puisse, à l'aide d'un examen attentif, facilement reconnaître ceux qui sont propres à chacune d'elles.

Ce que nous en dirons ne peut s'appliquer qu'au commencement de ces maladies, car toutes se ressemblent aux approches de la mort.

Dans l'ENTÉRITE, le malade a la *pupille dilatée, le regard inquiet, le pouls plein et dur, le ventre douloureux, la respiration accélérée, la bouche brûlante;* il se couche lentement sur l'un ou l'autre côté, incline la tête et la pose doucement sur l'abdomen; *il ne se roule jamais durant la première période;* ce n'est que quand l'inflammation a fait d'immenses progrès qu'il exécute des mouvements déréglés; il se relève avec vivacité, mais sans désordre; regarde encore son flanc ou le *dessous du ventre;* frappe des pieds, prend toutes sortes de positions et ne se trouve bien dans aucune; enfin, *la douleur et l'anxiété sont permanentes et sans un seul instant de relâche.*

Dans la COLIQUE STERCORALE, *l'œil paraît enfoncé dans son orbite,* ce qui donne au regard un aspect de terne et de tristesse indescriptible ; *le ventre est plein, dur, peu sensible, et le flanc tranquille ; l'animal reste long-temps couché, et se relève avec nonchalence ; point de borborygmes* ni de douleurs vives ; quand ces accidents se manifestent, la mort est proche.

Dans la COLIQUE SPASMODIQUE, c'est tout l'opposé : il regarde son flanc, *mais ce n'est qu'un instant ;* tandis que dans les deux précédentes il semble le considérer avec attention ; *il frappe fortement la terre avec les pieds de devant et le ventre avec ceux de derrière ; ses yeux sont d'un reflet rougeâtre et son regard farouche ; il se jette vivement par terre, se laisse tomber même, et se roule en tout sens ; des borborygmes sonores ont lieu a de courts intervalles, et les souffrances sont fréquemment suspendues durant plusieurs minutes.*

Tels sont les signes qui dénotent le caractère de chacune de ces affections dans leur marche ordinaire : sans doute ils varient quelquefois ; il n'y a pas de règle sans exception.

COLIQUE CALCULEUSE.

Elle est due à la présence de concrétions calcaires ou d'amas terreux dans une partie du canal alimentaire qui s'y forment lorsque l'animal étant affecté d'embarras intestinal, de gastrite chronique, suite d'indigestions fréquentes ou d'abus de régime, d'un nombre considérable de vers, etc.; il recherche avec avidité toutes sortes de substances salines qui produisent sur la langue et l'estomac une impression de froid ; lèche ou ronge les murs, ou mange de la terre.

Les eaux chargées de particules hétérogènes et les fourrages vaseux donnent également lieu à leur formation, mais d'une manière lente. Elle se montre accompagnée de symptômes en tout semblables à ceux de la colique stercorale.

La présence des calculs est difficile à constater, et la mort est presque toujours l'unique terminaison des souffrances.

Sa durée varie de deux à huit jours ; dans ce dernier cas, elle offre, au commencement, de longs intervalles de relâche.

9

On a remarqué que les chevaux nés et élevés dans des pays aquatiques y étaient plus sujets que d'autres.

Elle est plus commune parmi ceux de trait que parmi ceux de race distinguée.

Un des signes qui dénotent son existence ou seulement la disposition à la contracter, et auquel les vieux marchands se trompent rarement, c'est la longueur et le soulèvement des poils en tout temps, et surtout le redressement de ceux qui garnissent les tendons fléchisseurs des extrémités, depuis le genou jusqu'au boulet.

Quand à cette indication viendront se joindre la dilatation constante de la pupille, la mollesse, la nonchalance de la démarche, la fréquence de petites coliques fugaces, la dépravation et l'irrégularité de l'appétit, la couleur blafarde des muqueuses de la bouche et l'enduit jaunâtre de la langue, la dureté, l'exiguité et le petit nombre de crottins souvent expulsés, on pourra se croire suffisamment convaincu de l'ancienneté de la maladie.

A l'ouverture cadavérique, on trouve des masses énormes qui, parfois, ont acquis la dureté de la craie (*carbonate de chaux*).

Si, après des douleurs abdominales, ou même avant d'en avoir ressenti, l'animal rendait quelques parcelles de ces substances, il faudrait, sans plus tarder, pratiquer une large saignée, administrer des purgatifs étendus dans beaucoup de liquides, et les continuer plusieurs jours, explorer le rectum, car on a vu de ces masses placées là où la main pouvait les atteindre, donner des lavements irritants, d'abondantes boissons et peu d'aliments solides, et enfin le soumettre à un exercice léger, mais journalier.

TYMPANITE,

Ou Météorisation de l'Estomac et des Intestins,

COLIQUE VENTEUSE.

Cette affection peut survenir sans que pour cela l'estomac ou les intestins soient surchargés d'aliments. Elle est fréquente dans les chevaux qui tiquent sur ou dans la mangeoire. Ils déglutissent une quantité plus ou moins considérable d'air qui passe avec ou sans le bol alimentaire, se raréfie et s'introduit successivement de l'estomac dans le tube digestif.

Les aliments, mal imprégnés de salive, dans

un estomac affaibli et trop distendu par l'air pour pouvoir réagir, séjournent et fermentent; des gaz s'en échappent, qui augmentent la tension; bientôt l'animal enfle prodigieusement et devient ballonné.

Dans cet état, il souffre beaucoup par l'action mécanique que ces gaz exercent sur les parois des organes qui les renferment. C'est l'opposé du phénomène qui se passe dans la colique spasmodique, où les douleurs qu'ils occasionent sont spécialement dues à leurs qualités délétères, irritantes, comme nous l'avons déjà dit.

Le volume énorme que l'estomac et les intestins acquièrent gêne la respiration par la pression qu'ils déterminent sur le diaphragme, au point de faire craindre la suffocation; et comme le malade éprouve une anxiété toujours croissante, il fait de continuels efforts pour se jeter à terre : c'est ce qu'il faut surtout empêcher, car la chute la plus légère, même sur la paille, entraînerait indubitablement la rupture de l'un ou de l'autre de ces organes.

Les causes du tic sont nombreuses; il en est d'inconnues. On a prétendu qu'il devenait quelquefois contagieux par l'exemple, ce qui serait difficile à prouver. Celles qu'on sait le mieux apprécier sont : l'ennui résultant d'un trop long repos ; des douleurs sourdes mais continues, telles que les occasionent les vers, les larves d'astres ; une opération dont la cure se fait long-temps attendre ; des coliques dues à un état maladif des organes urinaires ou digestifs, et enfin la présence d'un corps étranger dans une partie quelconque.

Ceux qui ont prétendu que le tic provoquait exclusivement la sortie de l'air et jamais son entrée, n'ont pas attentivement examiné la maladie dont il est ici question : ils auraient pu se convaincre que, dans le principe et avant que la force expansive de l'air ait occasioné la dilatation, le son qui accompagne cette habitude n'est pas guttural, mais profond, et qu'il ressemble parfaitement à celui qui, dans l'homme, serait le produit de la ventriloquie ; tandis que, quand les organes sont distendus, l'air fortement comprimé, tendant à s'échapper, le tic favorise sa sortie ; le bruit alors est une véritable éructation ; en sorte qu'au commencement de la maladie, il y a introduction, et lorsqu'elle est parvenue à un certain degré d'intensité, expulsion : la preuve, c'est qu'à l'ouverture des cadavres, l'estomac ne contient parfois qu'une très faible quantité d'aliments.

Les chevaux de troupe ticqueurs, dont la nourriture est généralement saine et toujours la même, qu'on ne peut d'ailleurs accuser de trop manger, parce que la ration est fort exigue, en sont souvent affectés.

Quand cette maladie afflige un cheval de roulier ou de cultivateur, à la suite d'usage immodéré d'aliments farineux et fermentescibles, on peut présumer qu'elle ne reconnaît pas uniquement le tic pour cause déterminante ; elle est plus grave alors et mérite plutôt le nom d'indigestion aigue que celui de tympanite.

Le traitement de cette colique doit tendre à condenser les gaz et à provoquer leur évacuation. Deux ou trois gros d'alkali volatil dans un demi-litre d'eau froide, des frictions longtemps continuées sur le ventre, afin de faire passer le fluide élastique renfermé dans les gros intestins, de devant en arrière, la promenade, des lavements d'une forte lessive de savon ou d'une décoction de tabac, atteindront ce but.

L'air une fois arrivé dans les derniers intestins, des flatulences sonores et prolongées se font entendre, qui sont bientôt suivies de la guérison.

NÉPHRITE,

Ou Inflammation des Reins,

COLIQUE NÉPHRÉTIQUE.

Les chevaux qui font des courses de longue haleine, chargés d'un cavalier trop lourd ou d'un pesant porte-manteau, sont exposés à prendre cette maladie, qui, après les coliques, est une des plus douloureuses. Les arrêt-transpirations peuvent y donner lieu. Elle nous présente trois périodes bien distinctes.

La première finit lorsque les douleurs commencent. Pendant sa durée, très courte à la vérité, l'animal reste couché, refuse les aliments solides, mais boit beaucoup; le pouls est plein et agité sans être dur; la bouche est chaude; les yeux sont rouges, étincelants; les urines colorées et peu abondantes; les crottins desséchés; la respiration tant soit peu accélérée; il se relève souvent pour uriner; se recouche et paraît très inquiet.

Bientôt ces signes précurseurs augmentent

d'intensité ; le pouls s'accélère, devient dur et se concentre à mesure que l'inflammation fait des progrès ; le malade ne se couche plus ; il frappe des pieds de devant sans violence, comme dans l'indigestion ; se plaint et regarde le haut de ses flancs, où il montre le siége du mal ; quand on comprime le milieu des reins, il manifeste une vive sensibilité, reste les jambes écartées en faisant de continuels mais inutiles efforts pour uriner. Une faible partie de cette liqueur est encore sécrétée ; mais à peine arrive-t-elle dans la vessie, qu'elle est aussitôt expulsée.

Si, durant cette seconde période, qui est la plus longue, l'animal n'est pas efficacement secouru, la troisième ne tarde pas à se montrer. Alors la sécrétion de l'urine est entièrement supprimée ; la surface du corps est inondée de sueur d'une odeur urineuse ; le pouls, d'abord intermittent, s'efface peu à peu ; la prostration des forces est extrême ; enfin, il se couche pour ne plus se relever.

Le traitement, commencé avec le début de la maladie, est d'ordinaire couronné d'un heureux et prompt succès.

Pendant la seconde période, ce succès sera

subordonné au degré d'inflammation, qui l'est toujours lui-même à la force et au tempérament du sujet, à son régime antécédent et à la véhémence avec laquelle la cause occasionelle s'est exercée.

Nous ne parlerons pas de la troisième, car, dès que la gangrène s'est emparée d'un organe essentiel à la vie, aucun traitement ne peut réussir, la mort est inévitable.

Entrepris au premier degré, tous les symptômes inflammatoires disparaissent souvent après une ou deux saignées déplétives.

Au second, la maladie ne cède pas aussi facilement ; il faut des soins plus compliqués ; la saignée doit être plusieurs fois répétée ; la première seule doit être large ; les suivantes multipliées suivant le besoin, à deux heures d'intervalle dans le principe, et à trois et quatre lorsqu'un peu de relâche dans les douleurs se fait sentir, doivent être petites.

Quelques praticiens ont conseillé le refus de boisson suffisante, sous le spécieux prétexte qu'elle pourrait augmenter la distention des reins : nous ne sommes pas de cet avis ; l'expérience nous a prouvé que l'eau blanche tiède, acidulée par une très petite quantité de bon vinaigre de vin, peut être donnée en abondance et en toute sécurité.

Dès le commencement de la maladie, on fera de fréquentes fomentations avec de l'eau tiède sur les reins, après chacune desquelles on y appliquera un sac contenant quelques piccotins de son chauffé dans l'eau jusqu'à ébulition, mais dont alors la chaleur doit être supportable.

Nous avons obtenu de bons effets de l'application, sur toute la région lombaire, d'un liniment composé de quantités égales d'huile d'olive et de laurier, et d'un huitième environ de camphre. Cette dernière substance peut être administrée intérieurement, mais à de très petites doses : vingt à trente grains, dissous à l'aide de la gomme arabique, dans une faible décoction mucilagineuse.

Cette potion, donnée trois fois par jour, agit comme sédative et favorise la résolution ; à une dose plus élevée, elle agirait comme stimulante et deviendrait nuisible.

L'usage du sel de nitre et de tous les autres diurétiques doit être sévèrement proscrit ; ils ne peuvent qu'aggraver les souffrances en déterminant une affluence plus grande vers les organes affectés.

Sans doute il existe des médicaments qui, dans l'affection de tel ou tel viscère, deviendraient très utiles, s'il était possible de les envoyer directement à leur adresse ; mais, comme pour être assimilés, tous doivent passer par le centre de la circulation, on s'abstient à chaque instant de l'administration d'un grand nombre d'entre eux, parce que la plus faible parcelle seulement arrive au but où elle ne produit pas tout le bien qu'on pouvait en espérer, et parce que leur action s'étendant à toute l'économie, devient souvent plus funeste que salutaire.

Les lavements émollients sont ici d'un grand secours : on doit en donner beaucoup, dans la double intention de relâcher, de détendre, et de provoquer l'expulsion des matières stercorales ordinairement accumulées et durcies dans les gros intestins. Un bain général, comme nous l'avons décrit à la page 82, fera le plus grand bien.

Du reste, l'abstinence la plus absolue d'aliments solides, le bouchonnement des extrémités, la couverture et une douce température dans l'écurie sont des accessoires assez importants pour ne jamais les omettre.

COLIQUE CYSTIQUE ou CYSTALGIE,
Inflammation du Col de la Vessie,
RÉTENTION D'URINE.

Parmi les causes de cette affection, on doit placer au premier rang le passage dans l'eau durant la sueur ou tout autre refroidissement instantané; la continuité de la course ou du travail malgré le besoin d'uriner que l'animal exprime; l'usage d'aliments très échauffants et sans transition après une nourriture verte; la trop grande chaleur des écuries; l'introduction de substances âcres, irritantes, telles que poivre, oignons, gingembre et autres dans le vagin de la jument, sous le prétexte de guérir les coliques, souvent traitées par les maréchaux comme rétention d'urine; le séjour d'un petit calcul dans le canal de l'urètre * ou d'un volumineux dans la vessie, et l'emploi déréglé de diurétiques stimulants.

* J'ai été à même de me convaincre de cette cause de rétention d'urine. L'investigation du pénis, dans toute son étendue, ne pouvant jamais être nuisible, je n'hésite pas à la conseiller avant d'entreprendre aucun traitement.

Les symptômes qui l'annoncent sont : douleur continue, inquiétude, trépignement, raideur et écartement des extrémités postérieures; excrétion d'urine nulle, quoique l'animal se campe souvent, plénitude de la vessie, qu'il est aisé de reconnaître par l'exploration du rectum; ampleur, fréquence et dureté du pouls dans le principe; petitesse et irrégularité quand le mal existe depuis quelque temps; enfin, paralysie symptomatique de l'arrière-main.

Le traitement doit avoir pour objet : 1° le relâchement de la partie accidentellement enflammée, irritée ou contractée; 2° de provoquer la sortie de l'urine qui, par une trop longue accumulation, peut occasioner la rupture de la poche qui la recèle.

La première indication est donc la saignée; elle doit être déplétive et répétée si le besoin l'exige; la seconde, l'évacuation de la vessie. Une pression d'abord légère et semi-circulaire, progressivement augmentée sur le corps et le fond dans le rectum, suffit assez souvent pour obtenir ce résultat. Dans les juments où le méat urinaire est à quelques pouces de l'embouchure de la vulve, l'introduction d'une sonde élastique, à l'aide de laquelle on en fait écouler environ les deux tiers seulement, afin de ne pas produire un trop prompt affaissement qui pourrait entraîner la paralysie essentielle de l'organe et la mort, atteint plus facilement le même but. Cette opération doit être réitérée à dix ou douze heures d'intervalle et à des distances plus rapprochées si l'animal boit beaucoup. Les diurétiques étant contraires, on doit éviter d'en faire usage.

La privation d'aliments solides est de rigueur; les boissons doivent être blanchies à la farine d'orge et légèrement tièdes; des lavements d'une décoction de son, souvent répétés; les reins et la croupe enveloppés d'une couverture pliée en quatre et trempée dans de l'eau chaude; d'un à trois gros de camphre et autant de laudanum, étendus dans sept à huit litres d'une faible décoction de graine de lin, seront donnés dans le courant de la journée et de la nuit.

Une litière très abondante, une grande propreté et une douce température dans l'écurie, sont des conditions favorables à la guérison.

La paralysie symptomatique de l'arrière-main surprend quelquefois le cheval durant le travail, sans avoir été précédée d'aucun autre signe maladif. L'inattention du conducteur,

refusant de poser un instant pour le laisser uriner, en est, dans ce cas, souvent la seule cause ;
elle est toujours dangereuse, parce qu'elle est
méconnue ; les maréchaux la confondent avec
la fourbure. Cet accident est plus fréquent
qu'on ne pense et nombre d'animaux en périssent.

COLIQUE DES JUMENTS APRÈS LE PART.

Cette maladie n'est elle-même qu'un symp-
tôme de l'inflammation de la matrice, qui survient après un part laborieux eu après un avortement. La jument reste couchée, regarde son
ventre, gémit, souffre beaucoup pour uriner
et montre une grande sensibilité à la pression
de la main sur la partie de l'abdomen corres-
pondante à l'utérus.

Une paralysie momentanée du train de derrière survient quelquefois ; elle n'est que symptomatique et cesse avec la maladie essentielle.

Le traitement doit avoir pour objet de calmer cette inflammation qui n'est fréquemment
due qu'à l'éréthisme de la matrice à l'instant
de l'accouchement, et aux efforts qu'on a employés pour opérer l'extraction du jeune sujet.

Les débilitants ordinaires ne conviennent

*

pas toujours également; c'est ainsi que, lorsque la malade est d'un tempérament éminemment sanguin, et reste couchée pendant plusieurs heures après le part, ayant le pouls élevé, refusant les aliments solides, regardant son flanc et montrant un profond abattement, quelques saignées légères, à des distances assez éloignées pour détendre progressivement, sans trop affaiblir, seront indiquées; tandis que, si elle était d'un tempérament mou, lymphatique, ou que le pouls fût petit et concentré, qu'il y eût frisson, froid de la surface du corps et des extrémités, etc., ou seulement quelques-unes de ces dispositions, il faudrait bien se donner garde de pratiquer cette opération.

Dans le premier cas, le camphre, à la dose de deux gros, dans une ample décoction mucilagineuse miellée, très légèrement acidulée par l'eau de rabel, matin et soir, convient.

En si petite quantité, il agit comme calmant et prévient la péritonite qui, trop souvent, accompagne ou suit l'affection principale.

Dans le second, une infusion de quatre onces de bon café dans un demi-litre d'eau aiguisée par un cinquième d'eau-de-vie de cognac, constitue une potion tonique légèrement stimulante, parfaitement appropriée pour relever les forces sans irriter.

On peut la récidiver après huit ou dix heures sans le moindre inconvénient; et, si la guérison doit avoir lieu, le pouls remonte peu à peu, l'animal se redresse et cherche à manger. Ce dernier signe est de bon augure, car si, généralement parlant, l'appétit est le thermomètre de la santé, il doit l'être plus particulièrement dans la conjoncture présente.

Dans le cas d'altération grave de l'utérus, la guérison n'est pas aussi prompte : la malade succombe malgré les soins les plus assidus.

L'un et l'autre de ces traitements seront accompagnés des mêmes soins hygiéniques : abstinence totale d'aliments solides jusqu'à ce que la tristesse ayant fait place à la gaieté, la convalescente les recherche avidement; boisson blanchie à la farine d'orge, très faiblement acidulée.

Des lavements tièdes de décoction de graine de lin et de quelques têtes de pavots, de deux en deux heures, et plus rapprochés s'ils sont expulsés.

Des frictions sèches fréquentes sur tout le corps, notamment sur les extrémités.

Enfin, litière abondante, la couverture et une chaleur douce dans l'habitation.

Tels sont les moyens qu'il convient d'employer.

Ces coliques ne sont pas toujours dues à l'inflammation de la matrice : sa vacuité spontanée et sa rentrée sur elle-même après une longue distention, et les nombreux efforts qu'elle a dû faire pour l'expulsion du fœtus, sont toujours suivis d'un affaissement plus ou moins douloureux ; l'animal reste couché, mais le pouls est peu dérangé. Il n'y a pas, comme dans l'inflammation, difficulté d'uriner, ni cette sensibilité en avant de la région pubienne. Si quelques juments paraissent beaucoup souffrir, le plus grand nombre en est si peu affecté, qu'aucune des fonctions de la vie n'en subit la moindre altération.

Une potion antispasmodique composée d'une infusion de coquelicot, d'une demi-once de gomme arabique, d'un à deux gros de camphre et d'autant de laudanum, donnée tiède, aidée de quelques lavements émollients, et des autres soins généraux que nous avons précédemment indiqués, en triomphent presque instantanément.

Dans les bêtes à cornes, la péritonite passe fréquemment à l'état chronique, ce qui ne les empêche pas de vivre, même d'engraisser. Quand on les sacrifie, on trouve la surface de presque tout le péritoine garnie d'une quantité innombrable de concrétions calcaires qui varient en grosseur depuis une lentille jusqu'à une noisette, ce qui n'altère nullement la viande; et cependant d'ignorants experts déclarent la bête ladre et la font jeter à la voirie.

COLIQUE MÉCONIALE,
COLIQUE DES POULAINS.

Il arrive assez souvent que du premier au quatrième jour après la naissance, les poulains sont attaqués de douleurs d'entrailles qui ne reconnaissent d'autre cause que le séjour prolongé de la matière excrémentitielle qu'ils renferment dès la sortie du sein de leur mère, et qu'on désigne sous le nom de *méconium*.

Les poulains qui naissent de juments nourries au sec, d'aliments succulents ou trop échauffants, y sont particulièrement sujets, surtout si elles ont été soumises à des travaux trop rudes, peu de temps avant le part.

Le fœtus participant toujours au régime de la mère, voit le jour sous l'influence d'une diathèse inflammatoire, qui ne peut aller qu'en augmentant par l'usage d'un lait nourrissant ou échauffé ; la constipation ne tarde pas à s'établir, et la colique se déclare.

Le poulain se débat, se roule vivement, se relève, se recouche ; il y a battement des flancs ; les yeux sont étincelants ; l'agitation extrême ; tout annonce anxiété et souffrance.

Administrer des purgatifs irritants serait hâter la mort. C'est par une médication bénigne qu'il faut tenter l'expulsion du méconium. Celle qui paraît mériter la préférence consiste en un breuvage composé de trois à quatre onces de manne délayée dans une chopine de décoction d'orge perlé ; à son défaut, la même dose de miel avec addition d'une demi-once de crême de tartre peut suffire.

Des lavements composés de cinq parties d'eau tiède et une d'huile végétale, sont indispensables.

Quand les douleurs sont très violentes, une inflammation mortelle est à craindre. La saignée pratiquée à une des jugulaires, à l'aide d'une lancette, produit un relâchement soudain et salutaire qui est bientôt suivi d'un mieux remarquable : bien entendu que la quantité de sang doit être proportionnée à la petitesse du sujet.

Faute d'autres moyens, nous avons réussi à procurer une évacuation copieuse par quelques petits lavements d'eau de savon. La nature triomphe souvent sans le secours de l'art, mais souvent aussi elle succombe.

Les causes que nous avons signalées comme y donnant lieu peuvent faire éclore une maladie semblable vers une époque plus éloignée de la naissance. Sans être méconiale, elle présente les mêmes symptômes et les mêmes résultats, et demande un traitement pareil. On s'aperçoit aisément de son prochain développement à l'état du poulain : ses crottins sont durs, desséchés, petits et comme moulés; la mue s'arrête; les yeux sont brillants et la soif inextinguible.

Le traitement alors le plus convenable réside dans un régime délayant auquel on soumet la poulinière durant plusieurs jours : de l'eau fortement blanchie, nitrée, et de la paille à satiété ; quelques lavements d'eau tiède à celle-ci et au poulain produiront le meilleur effet.

Quand la constipation est vaincue par les seules forces de la nature, elle est quelquefois suivie d'une diarrhée colliquative, qui, faute de bons soins, fait aussi périr les poulains. Quelques potions composées de gomme arabique et de miel dissous dans une légère décoction de riz ou de têtes de pavot, données en petites quantités, plusieurs fois par jour; de petits lavements mucilagineux, ou tout simplement d'eau tiède, à cinq ou six heures de distance; une habitation propre et tempérée et une diète sévère à laquelle on assujettit la mère, en triomphent toujours, quand le mal n'a pas été négligé.

MALADIES VERMINEUSES.
(COLIQUES).

La durée et le danger de ces affections sont presque toujours subordonnés à l'espèce et au nombre de vers accumulés dans le corps des animaux et surtout à l'ancienneté de leur séjour.

Ne voulant considérer ces parasites que sous le rapport des coliques qu'ils suscitent, nos descriptions seront bornées à ceux qu'on trouve le plus communément dans les organes de la digestion , aux ravages dont ils peuvent devenir la source et aux moyens qu'il convient d'employer pour les combattre.

Le cheval est, de plus que tous les autres animaux domestiques, tributaire d'insectes ailés nommés *estres*, dont les larves lui occasionent des tourments inouis et la mort : commençons par eux.

Ces insectes sont de l'ordre des *diptères*; ils ressemblent à une grosse mouche. Quelques-uns placent leurs œufs sous la peau du cheval et du bœuf, après l'avoir percée à l'aide d'une tarière. D'autres les déposent tout simplement par centaines sur une partie du corps que l'animal puisse atteindre avec la bouche, telle que les jambes de devant, les épaules et les côtes, ou même autour des lèvres, de l'anus, etc. Ces œufs étant enveloppés d'une matière gluante, adhèrent aux poils, y excitent une démangeaison ; l'animal s'y lèche et les introduit ainsi dans l'estomac, où bientôt ils sont changés en larves qui s'attachent aux parois de cet organe par deux forts crochets dont leur tête est munie.

Ceux déposés à l'anus s'y introduisent , adhèrent momentanément au rectum, s'y mé-

tamorphosent et gagnent peu à peu le même
viscère.

Les animaux fuient par instinct l'approche
de ces insectes, auxquels il faut bien peu de
temps pour opérer leur perte, car ils ne cessent de voltiger près du lieu qu'ils ont choisi
à cet effet; à peine en touchent-ils la peau.

La durée de leur existence est courte. On ne
les rencontre que près des forêts et dans les
pâturages boisés; c'est pourquoi les chevaux
qui habitent de grandes plaines cultivées en
sont peu incommodés. Ceux qui sont nourris
au sec, à l'écurie, y sont moins exposés que
ceux qui prennent le vert en liberté.

On a remarqué que celui de ces insectes qui
fait sa ponte sur les jambes et les épaules
l'effectue de préférence sur des animaux jeunes
et bien portants, dont le poil est court et poli;
rarement sur des vieux chez lesquels il est long
et rude, et jamais sur des malades ou des con-
valescents maigres.

L'*œstre du cheval* (*estrus equi. Lin.*) est brun
fauve; plus clair sur l'abdomen; deux points
et une bande noire sur les ailes.

La femelle dépose ses œufs sur les épaules et
les jambes des chevaux.

L'*œ. Hémorrhoïdal* (*œ. Hemorroïdalis. L.*), très velu ; corcelet noir avec l'écusson d'un jaune pâle ; abdomen blanc à sa base, noir au milieu et fauve à l'extrémité ; ailes sans tache. La femelle dépose ses œufs sur les lèvres des chevaux.

L'*œ. Vétérinaire* (*œ. Veterinus. L.*), tout couvert de poils roux ; ceux des côtés du corcelet et de la base de l'abdomen blancs ; ailes sans tache. On présume qu'il place ses œufs sur la marche de l'anus *.

Les larves de ces trois espèces vivent dans l'estomac du cheval, aux dépens du chyme et du suc gastrique et trop souvent aux dépens de la substance même des membranes qui le composent. On les trouve quelquefois en quantités innombrables, disposés par grappes, implantés par leurs crochets dans les tuniques à travers la membrane villeuse qui tapisse intérieurement cet organe. Le nombre n'en constitue pas toujours le danger, car nous avons trouvé

* *Histoire naturelle des crustacés et des insectes,* faisant suite à l'édition de Buffon, de Sonnini, 14 vol. in-8°, avec fig., par M. Latreille.

Encyclopédie méthodique, Entomologie, par le même.

Règne animal, tome 3, idem.

à l'ouverture du cadavre d'un poulain de trois ans, mort dans d'affreuses convulsions dont la cause nous était inconnue, l'estomac transpercé à six endroits différents par autant de larves, seul nombre qu'il renfermait.

Ces larves séjournent d'un été à l'autre dans le corps des animaux; c'est vers le mois de juillet qu'elles se détachent, sortent, entraînées avec les matières alvines, par les voies naturelles, et s'enterrent pour se transformer incessamment en nymphes, puis en insectes parfaits.

La ponte se faisant vers la même époque, de nouvelles larves s'introduisent.

Leur corps est composé de onze anneaux; Durant leur séjour dans l'estomac il sont rougeâtres, et, à leur sortie, d'un blanc sale. Leur forme est à-peu-près conique, et leur contexture forte et coriace; il en est de plus grosses les unes que les autres, et toutes paraissent n'être pas également dangereuses; c'est ce qui a fait dire à M. Clarck, vétérinaire anglais, qu'elles étaient *plutôt utiles que nuisibles.* Cette assertion est au moins paradoxale : il serait en effet curieux d'apprendre comment la soustraction des sucs indispensables à la nutrition et des lésions graves à un viscère aussi essentiel à la vie que l'estomac, pussent devenir utiles à l'animal qui en est l'objet. Il fonde son opinion sur ce que les chevaux en renferment souvent un bon nombre sans que leur santé en paraisse visiblement altérée, d'où il conclut que l'irritation continuelle qu'ils occasionent, doit au contraire favoriser, hâter la digestion. Mais combien n'en voit-on pas qui sont continuellement tourmentés par de vives douleurs stomacales et qui finissent par y succomber? et d'autres qui, malgré une abondante et bonne nourriture, maigrissent à vue d'œil, tombent dans un marasme, espèce d'étisie, dont ils ne se rétablissent jamais, du moins difficilement?

Lorsqu'une grande quantité de ces parasites se trouve réunie, ils envahissent la presque totalité de l'estomac; partout leurs crochets pénètrent, en altèrent, en dénaturent les membranes, qui changent de couleur, s'épaississent et deviennent coenneuses, ulcéreuses. Expulsés sans laisser d'autres traces de leur séjour qu'une semblable altération, pourra-t-on espérer que de long-temps la digestion sera parfaite? Quand celle-ci languit, toutes les autres fonctions s'en ressentent et participent à son malaise ; de là l'obstacle presque insurmontable à l'engraissement des animaux qui en ont beaucoup souffert.

Le danger que l'accumulation de ces hôtes dans l'estomac présente, et les souffrances qu'ils occasionent, sont moindres dans les chevaux qui sont bien et régulièrement nourris, que dans ceux en qui le régime subit de fréquentes variations, ou qui, par la nature de leur travail, sont forcés d'endurer souvent un jeûne prolongé. Il est certain que ne vivant que de chyme et de suc gastrique, la grande ponctualité dans les repas pourra seule les empêcher de pénétrer trop avant dans le tissu des membranes pour y puiser leur nourriture, ces liqueurs ne se sécrétant que lors de la présence des aliments dans l'estomac.

Les chevaux qui en renferment, sont tristes et souffrants avant le repas du matin ; c'est principalement alors qu'ils éprouvent des douleurs que par la position que le malade prend, si on ne consultait qu'elle, on pourrait aisément confondre avec celles qui seraient causées par une indigestion. Il tient la tête basse, les extrémités rapprochées, boit beaucoup, bâille souvent, et manifeste une vive sensibilité quand on appuie rudement sur l'épigastre.

Il existe d'autres signes qui concourent à décéler leur présence, tels qu'un appétit vorace déréglé, la maigreur, le soulèvement du poil, et une apathie, une tristesse dont rien ne peut le distraire; mais ils sont communs à toutes les affections vermineuses. Cependant si le rapprochement des extrémités vers le centre, accompagné de quelques plaintes, était fréquent; si l'engorgement des postérieures avait lieu après un jour de repos; s'il y avait sensibilité permanente à l'épigastre, irritation du pouls, dépérissement et voracité, et que le malade eût fréquenté, durant l'été précédent, des bois ou des pâturages habités par des œstres, il serait permis d'en inférer que ces désordres ne sont dus qu'à l'existence d'un certain nombre de larves.

S'il est difficile d'en acquérir la conviction, il est plus difficile encore de les expulser après l'avoir acquise. Les vermifuges les plus actifs restent sans effet, surtout les amers et les préparations mercurielles; le seul qui réussisse, c'est l'huile empyreumatique distillée de

Chabert[*] ; voici la manière de la faire prendre :
un litre environ d'une forte décoction cla-
rifiée de suie de cheminée [**] rendue mucilagineuse par l'addition d'une once de gomme arabique, afin d'en faire une espèce d'émulsion

[*] Cette huile se prépare en distillant ensemble
trois parties d'essence de thérébentine et une d'huile
empyreumatique animale, au bain de sable, jusqu'au
trois quarts ; elle doit être conservée dans des flacons
fermés avec des bouchons à l'émeri. On peut la donner à la dose d'une once pour un bidet, deux pour
un cheval de moyenne taille, et trois pour un de la
plus forte espèce.

Dans les bêtes à cornes, ces doses peuvent être
augmentées.

Pour un jeune poulain, un veau, ou un mouton,
elle ne peut guère dépasser un gros (1/8 d'once).

Chabert, auquel nous devons la découverte de ce
précieux vermifuge, les prescrit ainsi et préfère à
tout autre véhicule l'infusion de sariette Il dit avoir
donné un demi-gros à une chienne braque de la petite
espèce qui, après trois heures, rendit dix tœnias de
diverses grandeurs.

J'ai maintes fois administré cette huile et toujours
avec succès ; mais à doses moindres, parce que j'ai
remarqué que, portées trop loin, les animaux en sont
incommodés.

Les proportions assignées dans la distillation ne
m'ont jamais parues convenables ; depuis long-temps
je la fais préparer a quantités égales et m'en trouve
mieux ; moins âcre, les animaux n'en souffrent nullement, j'ai même cru avoir observé que de cette
manière ses effets étaient plus certains.

[**] On préférera celle d'une cheminée de cuisine ou
de four où l'on brûle exclusivement du bois.

capable de se mélanger avec l'huile, de la tenir en suspension, on ajoute une once d'éther * et d'une à deux onces de cette huile.
En soutenant la tête au râtelier, on administre
peu à peu ce breuvage; on fait ensuite promener l'animal au pas et au trot pendant un
quart d'heure; on le rentre, le bouchonne, et
recommence le même exercice après quelques
instants de repos. Le soir, on donne la moitié
de cette potion de la même manière, et le lendemain et jours suivants, on se contente d'administrer la première de ces doses en une fois
chaque matin. On doit avoir bien soin que le
jeûne de l'animal soit prolongé au moins de
trois heures après le breuvage, et de ne lui accorder par jour, durant tout le traitement,
qu'une demi-ration d'aliments de bonne qualité.

Il est bien rare que, par l'emploi de ce remède pendant un court espace de temps, on ne
parvienne pas à les expulser entièrement. Les
premières sont en petit nombre et dans leur

---

* L'éther calme, à l'instant de son introduction dans
l'estomac, les tourments causés par les œstres ; mais
ce n'est qu'un soulagement momentané: peu d'heures
après ils recommencent et ne peuvent cesser que par
l'expulsion de la cause.

état naturel ; mais ceux qui suivent sont flétris et décolorés.

Tant qu'ils vivent, les crochets dont la tête est armée sont trop fortement implantés dans la substance de l'estomac pour céder à un effort ordinaire; la mort seule peut leur faire lâcher prise avant le terme fixé pour leur métamorphose, et l'huile empyreumatique les empoisonne à merveille.

On devine aisément que le motif de l'exercice auquel on soumet le cheval est leur immersion dans cette huile fétide qui ne les tue que parce que, les enveloppant de toutes parts, elle pénètre dans les pores et les organes de la respiration.

Les vers intestinaux proprement dits, qui des animaux font leur demeure, sont d'espèces aussi variées que les ravages dont ils peuvent devenir la source.

« La difficulté de concevoir comment ils y
» parviennent, jointe à l'observation qu'ils ne
» se montrent point hors des corps vivants, a
» fait penser à quelques naturalistes qu'ils s'en-
» gendraient spontanément. Il est certain au-
» jourd'hui, non seulement que la plupart

» produisent manifestement des œufs ou des
» petits vivants, mais que beaucoup ont des
» sexes séparés et s'accouplent comme les ani-
» maux ordinaires. On doit donc croire qu'ils
» se propagent par des germes assez petits
» pour être transmis par les voies les plus étroi-
» tes, ou que souvent aussi les jeunes animaux
» où ils vivent en apportent les germes en
» naissant *. »

En effet, on voit des chiens, des veaux et des
agneaux naître avec des vers : sans doute ils
en renfermaient le germe dès le sein de leur
mère; mais comment se rendre compte de l'introduction de ceux qui vivent dans des cavités
et dans les tissus même, sur des organes qui
n'ont aucune communication au dehors ? Les
zoologistes sont loin d'être d'accord sur ce point.
Linné a pensé que les germes des vers existaient
dans la terre et les eaux. Quelques-uns prétendent que les animaux peuvent se les commu-
niquer par la cohabitation; d'autres admettent
l'hypothèse des générations spontannées. *Va-
lismiéri* veut que les animaux naissent avec ce
germe, qu'il existe dans tous, mais que son

* Cuvier. *Règne animal*, tome 4, pages 26 et 27.

développement exige le concours de circonstances particulières. Ce qu'il y a de plus incontestable, c'est que la manière dontcette introduction s'opère, et la cause première de ce développement, sont des énigmes que nos plus grands naturalistes, les *Cuvier, Lamarck, Sonnini, Latreille, Bosc* et *Desmarest* ont en vain tenté d'expliquer.

Il est peu d'animaux et pas un seul domestique qui ne puissent être tourmentés par ces parasites. Tous les tissus sont de leur domaine; chacun a les siens ; les uns s'y logent par paquets; d'autres n'affectent que certains organes. C'est ainsi que la *douve (fasciola hepatica)* se loge de préférence dans le foie de plusieurs d'entre eux, et notamment des bêtes à laine qui paissent dans des lieux bas et humides, où elle engendre une hydropisie connue sous le nom de *pourriture*.

Que le *cœnure (tœnia cerebralis)* s'établit dans le cerveau des mêmes animaux et leur occasione un vertige vulgairement nommé *tournis;* que parmi les *cysticerques, l'hydatide globuleuse (tœnia cellulose)* s'insinue en quantités innombrables dans les muscles du cochon, où elle constitue la *ladrerie;* que le *tœnia lanceole (polystoma tœnioides)* habite les sinus fronteaux du cheval et du chien ; enfin, qu'un nombre infini d'espèces différentes se tiennent dans l'estomac et les intestins *, c'est de ces derniers que nous devons nous occuper exclusivement.

1° *L'ascaride lombrical (ascaris lumbricoides)* est un ver souvent long de plus d'un pied, rond, affilé aux deux extrémités, blanc, transparent, qui se rencontre dans le cheval, le bœuf, le cochon, etc. Il se multiplie extraordinairement dans le premier, auquel il cause, à de courts intervalles, des coliques violentes qui se terminent fréquemment par une entérite mortelle, ce dont nous avons été à même de nous convaincre plusieurs fois.

2° *L'ascaride vermiculaire* du chien, la moitié plus petit que dans l'homme, deux lignes au plus, rond, obtus aux deux extrémités, d'un blanc mat, se multiplie outre mesure et le fait périr **.

* Pour de plus amples détails voyez le bel ouvrage déjà cité du baron *Cuvier*, les savants articles de M. *Bosc*, dans le nouveau dictionnaire d'histoire naturelle appliquée aux arts, à l'agriculture et à l'économie domestique, l'encyclopédie méthodique, l'histoire naturelle des vers intestinaux de *Gœzé*, Entozoa seu verminum intestinalium historia naturalis de *Rudolphi*, etc.

** J'en ai trouvé près de deux onces dans un chien de chasse de petite taille, dont la mort ne reconnaissait d'autre cause.

3° Le *strongle géant* (*strongylus gigas*) est de tous les vers intestins le plus long et le plus gros ; il atteint jusqu'à trois pieds de longueur et trois à quatre lignes de diamètre. Ordinairement il est blanc, parfois couleur de rose; on le rencontre aussi bien dans les animaux carnassiers que dans les herbivores; il n'habite pas toujours le canal alimentaire. Au rapport du célèbre naturaliste Cuvier, on l'a souvent trouvé dans un des reins des animaux, et même de l'homme, où tout en détruisant la substance qui l'environne, il doit occasioner d'affreuses douleurs.

Un vétérinaire nous a assuré en avoir extrait un de six à huit pouces du canal de l'urète d'un chien.

4° Le *strongle du cheval* (*stron. equinus*) appartient exclusivement à l'espèce de ce quadrupède. Sa longueur est d'un à deux pouces; sa tête est ronde et dure. Les œufs de la femelle doivent être d'une extrême ténuité, puisqu'on trouve de ces vers dans les artères où l'on prétend qu'ils occasionent des anévrismes, habituellement il occupe les intestins où, favorisé par certaines circonstances, il se multiplie aisément.

5° L'oxyure (*oxyurus curvula*) est encore un ver du cheval seulement ; il atteint jusqu'à trois pouces de longueur ; la partie postérieure de son corps est très déliée ; il se rencontre dans les gros intestins.

6° L'échinorinque (*echinorhynchus gigas*) habite les intestins du cochon et du sanglier ; il atteint jusqu'à quinze pouces et occasione, quand il se multiplie beaucoup, le marasme et la mort.

7° Le *ténia du cheval* (*tœnia*) a la tête carrée, munie de plusieurs ouvertures qui sont autant de bouches ou suçoirs, plat comme les ténias de l'homme ; ses articulations sont larges et courtes.

8° Le *ténia du chien*, nommé *chaînette* à cause de la forme éliptique de ses articulations ; s'il est moins large que le précédent, il n'est pas moins dangereux ; les chiens ne sont pas les seuls animaux qu'il attaque, presque tous les carnassiers et beaucoup de rongeurs y sont sujets.

9° Le *ténia de la brebis* a des vésicules latérales transparentes, ses articulations sont courtes et arrondies des deux côtés.

Les agneaux l'apportent souvent en naissant.

12

De tous les vers intestins les ténias sont les plus ténaces, les plus difficiles à détruire; ils se rencontrent la plupart du temps en certain nombre, quelquefois par paquets. Dans l'homme on les nomme improprement vers solitaires, parce qu'on a long-temps cru qu'il n'y en avait qu'un seul à-la-fois : aujourd'hui on sait qu'ils peuvent se multiplier à l'infini. Une chose fort curieuse, c'est que lorsqu'une partie de ces vers est cassée et expulsée au dehors, la partie restante, dès qu'elle est pourvue de la tête, continue à vivre comme par le passé; il y a plus, le corps croît, se régénère, et finit, par la suite, par dépasser sa première longueur. Tous vivent aux dépens du chyme et des sucs que l'estomac et les intestins secrètent; jamais ils ne quittent leur victime vivants ou spontanément. La mort de l'individu qui les nourrit ou la leur, peut seule les forcer à lâcher prise; les médicaments les plus actifs, les plus dégoûtants ne parviennent que difficilement à les tuer.

Préciser l'existence des vers dans le corps des animaux domestiques sans autres renseignements que les signes extérieurs est assez difficile, et déterminer l'espèce ou les espèces dont ils sont tourmentés est impossible; ils n'oc-

casionent pas seulement des coliques, mais une
infinité d'autres maladies. Ecoutons l'homme
qui, sans beaucoup de modèles ni de précédents,
a porté le plus loin la médecine vétérinaire
pratique, *Chabert*, quand il ne fait que décrire
superficiellement les accidents auxquels ils donnent lieu. « Ce sont, dit-il, des coliques, des
» fluxions périodiques, la cécité, le tic, des
» clandications inopinées, des convulsions, le
» vertige, le dégoût ou des appétits voraces, le
» dépérissement, la tristesse, la consomption,
» enfin la mort. Ces accidents divers et si mul-
» tipliés n'ont rien d'étonnant quand on ré-
» fléchit à la quantité de ces *insectes* qui exis-
» tent quelquefois dans le même individu ; j'y
» en ai trouvé jusqu'à seize hectogrammes (trois
» livres quatre onces) d'espèces diverses, qui
» chacune a sa manière de tourmenter, oc-
» cupant toutes les parties, absorbant tous
» les fluides, desséchant tous les solides après
» les avoir criblés, épuisant les sucs nourri-
» ciers, enfin, causant à l'animal une mort
» cruelle et anticipée *. »

Quand les intestins en renferment peu, les

* Instructions vétérinaires , tome 1 , page 95.

animaux n'en sont que faiblement incommodés, tandis qu'accumulés en grande quantité ils donnent lieu à des affections de tous genres, plus bizarres, plus inexplicables les unes que les autres, qui ne suivent jamais une marche régulière connue, qui sont accompagnées d'anomalies dont la plus intelligente perspicacité devine rarement l'origine, et desquelles on ne découvre souvent la véritable cause qu'après la mort.

Leur seule présence dans le canal alimentaire constitue une lésion organique dont la gravité dépend toujours du nombre et des espèces renfermées et principalement de l'ancienneté de la maladie. Quand celle-ci date de loin, il est souvent plus facile encore d'en détruire la cause que d'en réparer les désordres qui, depuis long-temps, ont miné, altéré les sources de la vie.

Malgré l'obscurité dont nous savons que les signes qui dénotent leur existence sont environnés, essayons d'esquisser les moins vagues; de leur ensemble jaillira, peut-être, assez de lumières pour autoriser l'observateur à porter un jugement fondé.

Telle bonne que soit la nourriture, quelque modéré que puisse être le travail, le cheval maigrit et menace de tomber prochainement dans le marasme; et, si les vers ne sont pas assez nombreux pour produire un aussi fâcheux effet, du moins ils s'opposent à son engraissement, attendu qu'ils se nourrissent de la partie la plus délicate, la mieux élaborée et la plus assimilable du chyme.

La grande connexité qui existe entre le canal alimentaire et la peau, fait que celle-ci, en raison de la continuelle irritation exercée sur le premier, devient sèche, adhérente; le poil se soulève, est piqué; la mue ne se fait que difficilement ou pas du tout; la transpiration insensible languit, tandis que le plus léger travail provoque la sueur.

Ce dernier phénomène ne reconnaît d'autre cause que la faiblesse de l'animal, suite nécessaire de son appauvrissement.

La démangeaison de la queue, indiquée comme un signe de vers, est très incertaine: elle peut être due à la malpropreté de cette partie, à des poux, etc. Si cependant elle existait en même temps que d'autres symptômes diagnostiques, elle deviendrait coïncidante.

MM. *Delabère-Blaine* et *Ryding*, vétérinaires anglais, prétendent que l'anus est environné d'un cercle de matière ou poussière jaunâtre.

Le cheval se frotte le nez, ou pour mieux dire la partie antérieure de la cloison médiane, contre le râtelier ou la mangeoire, et s'ébroue souvent.

L'appétit est irrégulier, capricieux, dépravé, tantôt modéré, plus souvent vorace ; il lèche ou ronge les murs ; mange de la terre, quelquefois sa longe ; recherche avec avidité les substances salines que son instinct semble lui indiquer comme propres à la guérison de ses maux.

Les flatulences et les borborygmes sont fréquents ; les déjections qui varient singulièrement de consistance, et la diarrhée qui attaque les poulains, exhalent une odeur insupportable, signe non équivoque du trouble de la digestion. Des coliques de courte durée se manifestent souvent pendant lesquelles il montre de l'anxiété, se frappe vivement les flancs avec la queue, le ventre avec les pieds de derrière, se roule une ou deux fois, se redresse et mange comme de coutume.

Si la maladie est invétérée, la queue exécute, sans motif apparent, et en toute saison, un mouvement oscillatoire presque continuel ; les extrémités, surtout les postérieures, s'engorgent et se couvrent d'éruptions qui s'étendent jusque sous le ventre, et qui, lors de la guérison de la maladie principale, se dessèchent et entraînent dans leur chute le poil des parties environnantes.

A ces indices particuliers se joignent des signes généraux qu'il est bon de prendre en considération : sa position, sa démarche sont ceux de la tristesse et de la souffrance; ses yeux sont larmoyants; il porte la tête basse, et quand il éprouve des douleurs sourdes, ce qui lui arrive souvent, il tient les jambes ou écartées ou rapprochées, rarement dans leur position naturelle: bien pansé, son extérieur présente encore l'aspect de la saleté et de la misère; en un mot, l'examen de son ensemble, tant en action qu'en repos, offre des preuves irrécusables de débilité et de langueur.

Quoi qu'il en soit, le signe le plus certain de la présence des vers dans les intestins, c'est d'en trouver, pendant le cours de l'année, un ou plusieurs dans la fiente de l'individu : il est permis alors de leur supposer une nombreuse parenté, car elle peut s'étendre à plusieurs générations, et d'agir en conséquence.

La maigreur cependant n'est pas toujours une condition essentielle de leur existence dans le cheval. Plus d'une fois nous avons été à même de nous convaincre de cette vérité. Paré du plus bel embonpoint, il peut renfermer assez d'ascarides pour en mourir.

Parmi les symptômes précédents, plusieurs sont communs à tous les animaux, tels que la tristesse et l'abattement, l'émaciation progressive, l'irrégularité, la dépravation et surtout la voracité de l'appétit ; mais il en est de particuliers à chaque espèce. Dans le chien, le poil sur les reins et le haut des épaules est dressé, sec et sale ; son corps exhale une mauvaise odeur ; la marche est gênée ; les membres postérieurs sont raides ; les cuisses et les hanches paraissent plus maigres que le reste du corps ; le ventre est soulevé, levreté ; la pupille très dilatée ; les membranes de la gueule et des yeux sont plus pâles que dans l'état de santé, ces derniers sont larmoyants, quelquefois chassieux ; les paupières souvent rouges ; les narines humides ; l'éternuement fréquent ; l'animal se frotte l'anus par terre, fait la *brouette*; la dépilation du périnée a lieu, soit par l'effet de ce frottement ou par l'acreté des matières alvines. S'il est obsédé par un grand nombre de ces hôtes incommodes et que la maladie a été négligée, il devient insociable, morose, taciturne, irascible, taquin envers ses pareils; il erre, court çà et là, se plaint, hurle, aboie sans motif, dévore avec colère linge, paille, bois, terre, gazon et autres objets à sa portée, montre de fréquentes envies de mordre, tombe dans une hideuse maigreur, souffre une longue agonie et meurt dans d'affreuses convulsions.

Dans les bêtes à laine, il n'est pas aussi facile de constater leur existence; cependant on remarque que celles qui en sont tourmentées se météorisent souvent, vacillent fréquemment la queue, s'éloignent volontiers du troupeau, soit par caprice, soit par instinct, dans l'intention de mieux se repaître; ont les orifices du nez entourés d'un mucus plus ou moins épais, quelquefois puriforme, s'ébrouent souvent; sont, malgré leur voracité, toujours faibles; les derniers du troupeau en rentrant à la bergerie et les premiers en sortant; la conjonctive et la bouche sont pâles; la maigreur des reins devient telle que la chair semble avoir abandonné les vertères lombaires; alors les bergers disent que le mouton est *cassé*.

Les bêtes à cornes sont aussi sujettes aux vers, donc elles peuvent l'être aux maladies qui en sont le résultat ; mais il est rare qu'elles y succombent.

Dans le cochon il n'en est pas ainsi : les échinorinques s'y multiplient facilement et produisent de grands désordres.

L'animal qui en est affecté se distingue du reste du troupeau par sa maigreur, la raideur du train de derrière et une faiblesse extrême des reins. Le matin, avant d'être repu, il fait entendre un grognement continuel, et, s'il fait ses repas en commun avec d'autres, il mord ses voisins ; mais dès qu'un de ceux-ci se défend, n'ayant pas la force de résister, il tombe ; ses yeux sont enfoncés et pâles, ses excréments sont durs et fortement colorés ; la débilité allant toujours croissante, elle le conduit à une époque où il ne peut plus se lever ni se tenir debout *.

---

* L'autopsie cadavérique m'a plusieurs fois confirmé l'exactitude de ces symptômes ; je crois de plus avoir acquis la certitude que le rachitisme qui attaque ces animaux et les fait périr, n'est souvent dû qu'à la présence des vers. Ce qui m'autorise à le penser, c'est qu'en ayant ouvert plusieurs morts de cette maladie, j'en ai trouvé, dans le plus grand nombre, et souvent beaucoup

On croit avoir observé que quand ces animaux, notamment le sanglier domestique, sont
tourmentés par les vers, ils se jettent sur toute
espèce de volaille et la dévorent. Leur brutale
indocilité, leur faible valeur, le peu d'attention
que leur accordent les individus chargés de les
nourrir, de les surveiller, font que, quand les
maîtres s'aperçoivent de l'existence d'une maladie sur un ou plusieurs d'entre eux, elle est
déjà ancienne et souvent trop invétérée pour
que des soins ordinaires puissent en triompher.

Tous les animaux peuvent, à tout âge et
dans toute saison, alimenter un certain nombre
de vers d'espèces diverses; mais l'expérience
a prouvé que ceux mal nourris, excédés de
rudes travaux, mal pansés, ou provenant de
mères chétives par suite de maladie ou mauvais
régime, y étaient beaucoup plus sujets que
ceux auxquels ces causes étaient restées étrangères. Les jeunes y sont néanmoins plus exposés
que les vieux.

On sait que le régime du jeune âge influe
sur tout le reste de l'existence ; aussi voyons-
nous que les animaux qui reçoivent, avec de
bons soins, une nourriture substantielle et suffisante, sont moins tributaires d'une infinité

d'affections et spécialement des vermineuses, que leurs pareils auxquels on ne départit durant cette période de la vie que de chétifs aliments.

Cependant il n'arrive que trop souvent d'attribuer aux vers des maladies qui ne reconnaissent d'autres causes que la négligence des domestiques et la parcimonie des maîtres; et en effet, les chevaux auxquels on retranche l'avoine pendant près d'une moitié de l'année, pour lui substituer des fourrages en grains souvent avariés, noircis par les pluies, de mauvaise odeur, ou même tout simplement du foin en abondance; qu'ensuite on soumet aux travaux les plus soutenus, les plus fatigants, maigrissent promptement, et si on ne se hâte de restaurer les forces par une nourriture convenable et le repos nécessaire, la maigreur augmente, la peau devient adhérente aux os, la tristesse et un état de langueur s'en emparent, la majeure partie des symptômes qui les annoncent se montrent, tandis que le pauvre animal n'en renferme aucun, et que le délabrement de sa santé n'est dû qu'aux privations.

On a prétendu que les chevaux qui vivent

habituellement de foin de prairies naturelles étaient plus susceptibles de contracter des maladies vermineuses que ceux qui font usage de celui de prairies artificielles : cette opinion est au moins hasardée ; nous avons rencontré autant de ces affections dans les uns que dans les autres. Expliquer la cause ou les causes essentiellement déterminantes de leur développement est impossible ; on sait seulement qu'un animal chétif, valétudinaire y est plutôt en proie qu'un sain et robuste ; qu'un sanguin, à l'accroissement duquel la première éducation a été favorable, y est moins exposé, à quelques exceptions près, que celui dont le tempérament est mou, lymphatique ; que leur présence constitue souvent une grave complication dans les maladies ; qu'ils se rencontrent plus fréquemment dans les animaux qui boivent de l'eau stagnante et se nourrissent long-temps de fourrages mal récoltés, que dans ceux qui reçoivent des aliments de choix.

Ceci est d'autant plus vrai qu'on remarque que, durant les saisons qui suivent les années pluvieuses, pendant la récolte desquelles les denrées ont été plus ou moins avariées, les maladies qu'ils engendrent sont bien plus fréquentes et leur nombre plus considérable, que quand l'espoir du cultivateur a été couronné d'un heureux succès et que les fourrages sont de bonne qualité; que la malpropreté, le passage alternatif de l'abondance à la pénurie; des bons aux mauvais aliments; les pertes continuelles par une transpiration forcée dans des écuries trop chaudes, mal aérées, où croupit long-temps le fumier; le travail excessif; le manque de repos; les maladies chroniques tant internes qu'externes négligées; les gourmes longues et pénibles, contrariées dans leur éruption, ou avortées; l'usage inconsidéré d'aliments aqueux ou du vert trop prolongé, et, en général, toutes les causes débilitantes, favorisent ce développement.

Toutes les maladies dans l'espèce canine sont suivies d'affections vermineuses, principalement celle connue sous le nom de *maladie des chiens* *.

Une grande quantité d'animaux de toute espèce meurt de maladies dans lesquelles les vers

* Voyez pour cette maladie et ses causes : *Nouveau Manuel des Chasseurs*. A Paris, chez Pélicier, Place du Palais-Royal.

jouent le premier rôle, soit en compliquant l'affection principale qui, dès-lors, n'est souvent que symptomatique, soit parce que leur long séjour ayant affaibli les tissus et insensiblement altéré les forces vitales, ils ont disposé les organes à recevoir avec facilité des impressions qui, sans leur présence, ne seraient point devenues délétères, et deviennent ainsi, sinon cause morbifique immédiate, du moins prédisposante.

Il n'est pas extraordinaire cependant de voir des animaux qui, après une maladie longue, ou toute autre cause accidentelle, en ont été attaqués, récouvrer la santé et les rendre inopinément et par paquets, sans traitement aucun, ce qui ne peut être dû qu'au rétablissement de l'équilibre dans les fonctions et à l'action répulsive des intestins, ou tout simplement à un changement en mieux dans la nourriture. Cette dernière assertion est exactement vraie; nous avons été à même de nous convaincre que des chevaux de labour provenant d'un pays où la nourriture est plus abondante que bonne, tels que d'une partie de la Belgique, et qu'on sait être difficiles à acclimater ailleurs, se débarrassaient souvent de ces zoophytes par le

★

seul usage d'aliments secs et succulents, principalement des favelottes.

On a de nombreux exemples qu'une indigestion suivie d'une diarrhée peut suffire pour opérer leur expulsion.

Quand les vers remontent dans l'estomac de l'homme, ils donnent lieu à des accidents multipliés ; il en est de même chez les animaux, principalement chez les petits qui sont beaucoup plus irritables que les grands.

Cependant on a vu des chevaux périr de vertige uniquement causé par la présence d'un certain nombre dans cet organe. Dans le chien, ce phénomène est accompagné de symptômes que le vulgaire confond avec ceux de la rage, surtout quand il survient durant les chaleurs de l'été ; on tue alors le pauvre animal, quelle que soit sa valeur ou l'intérêt qu'il inspire, quand l'emploi raisonné de certains vermifuges aurait pu le rendre à la santé.

La classe des médicaments anthelmeutiques est tellement étendue, que le praticien n'est jamais embarrassé que du choix ; les trois règnes en fournissent : le minéral, toutes les préparations mercurielles, le soufre, les sulfures d'antimoine, l'éther, nombre de sels, etc., etc.: le végétal, tous les amers, les acides, les purgatifs, etc. : et le règne animal, l'huile empyreumatique et la coraline de Corse. Il en est dans ce nombre qui passent pour des spécifiques, mais on ne peut se dissimuler que la disposition du corps est pour beaucoup dans leur action; tous ne produisent pas les mêmes résultats et n'agissent pas de la même manière sur des individus différents; les plus actifs, ou présumés tels, restent quelquefois sans effet, tandis que l'emploi des plus innocents est couronné de succès.

Les matières végétales ont généralement peu d'effet sur les herbivores, les poisons même ne sont pas à beaucoup près aussi délétères que sur les carnassiers, en sorte que leur emploi sans mélange, et aux doses les plus élevées, est rarement suivi de succès. Dans l'homme et le chien on en obtient d'heureux résultats.

Les Allemands préconisent le tabac à fumer à la dose d'une demi-once en décoction, pour un cheval fait, et la moitié pour un poulain : mais il doit être continué avec persévérance. La colinquante, non moins âcre, jouit des mêmes vertus : ces moyens sont dangereux.

Le règne animal fournit le plus actif et le

plus efficace des vermifuges pour tous les animaux sans exception, c'est l'huile empyreumatique comme nous l'avons précédemment
décrite. On peut la donner en breuvage dans
une décoction amère quelconque, à la dose
d'une à deux onces pour les grands animaux.
En opiat, mêlée avec des poudres amères, telles
que celles de gentiane, de tanaisie, de rhu-
barbe indigène, de fougère mâle, d'absinthe,
etc., qui toutes lui servent avantageusement
d'excipient.

L'efficacité nous en a été démontrée : en bols
ou pillules préparés trois jours d'avance, comme
suit : racine de fougère mâle, en poudre, 6
onces; huile empyreumatique, 6 onces; éthiops
minéral *(sulfure noir de mercure)*, 2 onces; mercure doux *(proto-hydrochlorate de mercure)* et
aloès succotin, de chaque 6 gros; gomme arabique, 1 once; le tout divisé en dix parties
qu'on enveloppe de miel, autant pour en mas-
quer le goût que pour allécher les vers. On en
donne deux ou trois chaque matin, le cheval
étant à jeûn.

Le cinquième jour on administre un breuvage purgatif composé d'une à deux onces d'a-
loès, et d'une demie d'huile empyreumatique.

Si l'animal n'a pas rendu de vers et qu'on soit bien convaincu qu'il en renferme, on peut recommencer le même traitement.

Observons cependant que ces pillules sont d'un prix qui doit en faire proscrire l'usage pour des chevaux de vile valeur et même pour des chevaux fins qui ne se défendent pas lors de l'administration des breuvages; d'ailleurs l'huile seule, dans un véhicule convenable, suffit toujours.

Dans les petits animaux les doses doivent être infiniment moindres, eu égard à leur taille. Le chien, le plus irritable d'entre eux, ne peut supporter qu'une faible quantité de préparations mercurielles; en outre passer les bornes, c'est l'empoisonner.

Cette quantité varie depuis 9 jusqu'à 36 et 40 grains de parties égales de muriate de mercure doux et de sulfure noir, à donner en trois fois par jour; la première somme est suffisante pour ceux de la très petite espèce; et, jusqu'à la dernière, on suit une échelle de proportion basée sur la force de l'animal.

L'huile empyreumatique dans une infusion ou décoction vermifuge depuis 10 à 20 gouttes jusqu'à un demi-gros, leur convient parfaitement ; mais l'extrême facilité avec laquelle cet animal se débarrasse des matières qui répugnent à son estomac, la lui fait quelquefois vemir peu d'instants après l'avoir prise ; n'importe, on la continue.

Le polypode doit leur être administré avec prudence, car, très astringent, il peut occasioner des constipations opiniâtres, la plegmasie des intestins et la mort. Il n'en est pas de même dans les grands animaux, son effet sur eux est peu marqué.

Dans les bêtes à cornes la sensibilité étant plus émoussée que dans les solipèdes, les quantités de médicaments peuvent, sans inconvénient, être augmentées, mais doivent toujours, ainsi que dans les bêtes à laine, être données de préférence sous forme liquide, en raison de la conformation particulière de l'appareil digestif dans les ruminants.

En indiquant les doses nous avons spécifié les plus fortes, ce qui ne veut pas dire qu'il faille les donner ainsi. Avant de prescrire, il faut prendre en considération l'âge, la taille, le sexe et le tempérament du malade, afin de ne pas excéder ses moyens ; mais il ne faut pas non plus qu'une trop timide prudence préside à la détermination, car si l'excès est nuisible, l'insuffisance ne l'est pas moins, elle fatigue inutilement l'estomac et ne tue point les vers.

Quel que soit, du reste, l'animal dont on veuille entreprendre le traitement, il doit y avoir été préparé par trois à quatre jours d'une diète sévère, et avoir, chaque fois qu'on administre des médicaments, l'estomac parfaitement vide.

On a singulièrement préconisé la suie de cheminée comme vermifuge, et, en effet, c'en est un puissant, mais ne peut convenir qu'aux grands animaux. Celle de bois est la meilleure; on en fait une décoction qu'on a soin de clarifier en la passant à travers une étoffe de laine, pour être donnée en breuvages et en lavements, seule, ou fortifiée par des plantes amères qu'on y fait infuser. Elle sert aussi très utilement de véhicule à l'huile empyreumatique : c'est ainsi que nous l'employons.

Immédiatement avant d'administrer l'un ou l'autre de tous ces médicaments, il est avantageux de faire boire au malade une faible quantité d'eau blanche édulcorée par le miel ou la mélasse : la matière sucrée attire les vers. Comme tous les anthelmintiques sont plus ou moins excitants, échauffants, irritants même, quelques lavements mucilagineux ne pourront jamais nuire.

Un vermifuge des plus actifs, peu connu et qui mérite de l'être universellement, qui offre l'inappréciable avantage de pouvoir être donné sans rien changer au régime des animaux, même pendant la saison des travaux, de ne pas les dégoûter et d'être peu coûteux, c'est le seigle torréfié jusqu'au brun noir comme le café.

La manière peu embarrassante de le préparer et de le faire prendre mérite d'être portée en ligne de compte, la voici : On fait sécher un double décalitre (dix pots) de ce grain dans un four après la sortie du pain, et en opère aussitôt qu'il est sec la torréfaction. Celle-ci étant achevée, on l'arrose et le mêle avec une solution d'un kilogramme (deux livres) de sel de cuisine dans une suffisante quantité d'eau bouillante, qui le pénètre et le fait gonfler. A chaque repas on en donne un litre mélangé avec l'avoine, ou le son et la mouture; la première fois l'animal hésite un peu, mais bientôt il y prend goût et le mange avec plaisir.

En disant que ce moyen si simple, si facile

à se procurer est de tous ceux employés jusqu'à ce jour, celui qui nous a le mieux et le plus généralement réussi, nous ne faisons que rendre hommage à la vérité. Après peu de jours de son usage les vers sont expulsés par paquets, tous, le même jour, et la plupart encore vivants.

Les préparations mercurielles suivantes, à-peu-près les seules en usage comme anti-vermineuses, à cause du peu de danger qui accompagne leur action, peuvent être données au cheval dans l'espace de 24 heures, mais en plusieurs fois, savoir: le mercure doux depuis trois gros jusqu'à une once, et l'étiops minéral à une dose double.

La méthode la plus convenable à suivre dans leur administration et dont le succès est le plus prompt, c'est de les mélanger avec du miel, après les avoir porphyrisées, et de les délayer ensuite dans une épaisse décoction de graine de lin, qui en tient la majeure partie en suspension. Ce véhicule doux, mais imprégné du plus actif poison des vers, les allèche et les tue; on a vu une seule mixture semblable suffire à leur destruction.

En médecine vétérinaire on doit éviter autant que possible les traitements onéreux, tant dans l'intérêt de l'art que dans celui des propriétaires; s'il fallait pour toutes les indispositions des animaux avoir recours aux drogues officinales, leur valeur intrinsèque serait bientôt absorbée.

On trouve à chaque pas, sous la main, des objets dédaignés qui peuvent, au besoin, remremplacer avantageusement les substances les plus chères. Cette proposition est assez importante pour être méditée par les jeunes vétérinaires; elle mérite leur attention.

On sait bien qu'il est impossible de toujours se passer de médicaments, mais on doit être avare de prescriptions coûteuses.

Les symptômes qui décèlent la présence des vers et le traitement qu'il convient d'employer pour les détruire étant appréciés, il ne nous reste plus qu'un mot à dire des coliques qu'ils occasionent.

Ces coliques, toujours légères dans le principe, ne sont qu'un prélude de douleurs plus violentes, plus durables et plus dangereuses, pendant lesquelles l'animal se roule avec vivacité, regarde son ventre comme dans la colique spasmodique. Ces deux affections pourraient être confondues si l'on négligeait l'examen de son ensemble et de scruter les signes commémoratifs.

La médication doit avoir pour objet de calmer les douleurs d'abord, sauf à en détruire plus tard la cause.

Une livre d'huile d'olive ou d'œillette *(pavot)* avec addition d'une once d'éther et d'une demi-once de laudanum, remplit au mieux la première intention. Cette potion peut être réïtérée plusieurs fois ; nous l'avons vue suffire pour opérer une guérison parfaite, par les seules vertus de l'éther sans doute. Une boisson légèrement mucilagineuse et fortement blanchie à la farine d'orge sera donnée tant soit peu tiède. Quelques lavements calmants ne seront pas inutiles.

Dès que les souffrances ont cessé, il faut procéder sans retard à la destruction des vers.

Il y a bien encore quelques affections qui montrent extérieurement des symptômes que l'homme étranger à l'art de guérir peut confondre avec des coliques, parce que l'animal donne des signes manifestes de souffrance, telles sont l'hépatite ou inflammation du foie, la cystite proprement dite ou inflammation du corps de la vessie, diverses sortes de hernies, la péritonite, dans le mâle, etc., etc. ; mais offrant des différences, des anomalies sans nombre dans les périodes qu'elles parcourent, toutes graves et quelques-unes nécessitant des opérations chirurgicales qu'un vétérinaire seul peut pratiquer, c'est à lui qu'il faut avoir recours *.

TYMPANITE

OU MÉTÉORISATION DES BÊTES A CORNES ET A LAINE.

Indigestion méphitique, enflure, etc.

De toutes les maladies qui affectent les bêtes à cornes, la Tympanite ou Météorisation de la Panse est, sans contredit, la plus meurtrière : un grand nombre d'animaux en périt, faute de précautions et de secours ; peu de communes échappent à ce fléau, et presque toutes comptent annuellement plusieurs victimes.

Toutes les plantes données en vert peuvent l'occasioner, quand les animaux en mangent avec voracité et en grande quantité ; mais le trèfle, nourriture si précieuse quand il est donné avec prudence, devient mortel pour avoir été administré sans discernement, surtout s'il a été mouillé par la rosée ou la pluie.

* M. Girard vient de publier un ouvrage *ex professo* sur les Hernies inguinales, qui ne laisse rien à desirer.

A l'époque du printemps, où les animaux herbivores passent de la nourriture sèche à une nourriture verte et appétissante, elle est le plus à craindre, principalement pour ceux qui, jouissant d'une bonne santé, mangent avec avidité: c'est pour cette raison que les meilleures, les plus belles vaches d'un troupeau en sont les premières attaquées.

A la campagne où, comme partout ailleurs, le peuple est ami du merveilleux, on cherche souvent des causes extraordinaires, surnaturelles même, aux évènements les plus simples. C'est ainsi qu'on y attribue la Météorisation aux tissus de l'araignée des champs, aux maléfices....., etc. Cette dernière croyance est trop absurde pour la réfuter : les toiles d'araignée ne contiennent rien de pernicieux ; quant aux plantes âcres ou vénéneuses, elles ne sont jamais à redouter dans les pâtures: l'instinct des animaux surpasse de beaucoup notre intelligence dans le choix des aliments qui leur conviennent, et si quelquefois ils commettent une légère erreur à l'étable, où ce choix ne leur est pas permis, nous devons l'attribuer à l'attrait de la nouveauté, à leur avidité pour une nourriture fraîche et succulente, au besoin; en un mot, à la domesticité, dont l'influence exerce si puissamment son empire sur tous les animaux soumis à l'homme.

Pour faire mieux comprendre ce qui reste à dire, nous croyons devoir donner un léger aperçu du mécanisme de la digestion dans les ruminants.

Ces animaux sont pourvus de quatre estomacs, dont le premier et le plus grand est la panse ou rumen. C'est un vaste sac qui sert de réservoir aux aliments, jusqu'à ce que l'animal soit en repos: alors ces aliments remontent successivement par pelotes et par un acte libre de sa volonté, dans la bouche, où ils sont broyés pour passer ensuite dans les trois autres estomacs et les intestins, où la digestion s'achève.

Il en résulte que la première déglution, soit aux champs ou à l'étable, n'est que provisoire, préparatoire, attendu que les aliments ne sont que grossièrement coupés et faiblement imprégnés de salive; que jusqu'au moment où la rumination commence, l'animal n'a fait que s'approvisionner; qu'il ne digère et se nourrit que lorsque cette opération est terminée; enfin, que c'est dans ce vaste réservoir, pendant ou après le repas et avant la rumination, que se passe le phénomène maladif dont nous nous occupons.

Toutes les plantes données en vert, disons-nous, notamment celles des prairies artificielles, occasionent des météorisations; mais en première ligne se placent le trèfle, la luzerne et le sainfoin, et ce sont justement celles que les bestiaux préfèrent. Lorsque le matin, avant que la rosée soit dissipée, ils y sont conduits, la faim les fait brouter avec célérité, et en peu de temps l'estomac s'emplit : alors la fermentation acide s'établit; tout la favosise, chaleur et humidité; le gaz acide carbonique se dégage en grande abondance; il en occupe toute la capacité et en distend les parois outre-mesure; le flanc gauche s'élève au dessus des reins; le dos se vousse en contre-haut; la percussion devient presque impossible; les membres se raidissent et se rapprochent du centre de gravité; la respiration devient pénible, laborieuse; les déjections n'ont plus lieu; la tête est basse; les yeux rouges, proéminants; des rots sonores et d'une odeur acide se font entendre à de courts intervalles; bientôt la respiration ne s'exécute plus que par soubresauts ; dès-lors le mal est à son comble, et sans de prompts secours, l'animal chancèle, s'agite, se plaint, des convulsions surviennent, il tombe et meurt.

A l'ouverture du cadavre on rencontre partout des traces d'une maladie violente : injection de tous les organes de la tête, de la poitrine, et du bas-ventre, rupture du diaphragme ou de la panse; et si les secours n'ont pas été donnés à temps à des vaches pleines, on doit s'attendre à un avortement prochain.

L'estomac n'a pas besoin d'être plein pour que la maladie se manifeste, elle a souvent lieu quand l'animal n'a pas encore satisfait la moitié de son appétit : dans ce cas, elle est bien moins dangereuse que lorqu'elle est compliquée de plénitude de la panse. Chabert, dont le souvenir s'attache à tout ce qui est grand en médecine; qui a écrit en observateur profond un traité des indigestions dans les ruminants, dit que le coquelicot, en grande quantité, favorise singulièrement son développement ; malheureusement les tréflières en sont souvent infectées. La disposition particulière de l'individu, la faiblesse des organes digestifs, deviennent sûrement parfois cause prédisposante; mais d'ordinaire elle est due à l'humidité des prairies artificielles et à la gloutonnerie avec laquelle ces fourrages sont avalés.

La gravité de la maladie est toujours en raison de la quantité d'aliments dont l'estomac est farci ; si elle est considérable, il y a dureté de la panse, ce qu'on reconnaît par la pression de la main sur le flanc gauche : cette pression déplace l'air jusqu'aux aliments ; par le temps que l'animal a passé dans les champs, et l'appétit avec lequel il a mangé.

Quand la météorisation sera déclarée, il suffira d'administrer deux gros ($\frac{1}{4}$ d'once) d'alkali volatil fluor (*esprit de sel ammoniac*) dans un demi-litre d'eau froide. Bientôt le ventre se détend ; mais il ne faut pas pour cela croire l'animal guéri, car les accidents peuvent renaître. Dès-lors on donnera une seconde et même une troisième dose, et tous les symptômes fâcheux disparaîtront.

Au défaut d'alkali volatil, on donnera un litre de fortes lessives de cendres d'œillettes, ou de bois blanc, qu'on répétera deux à trois fois ; mais l'alkali est le remède le plus efficace, et le moins dispendieux, parce qu'il est le plus sûr. Son prix peu élevé permet à tous les propriétaires de bêtes à cornes, quelque pauvres qu'ils soient, d'en avoir toujours une ou plusieurs onces dans une fiole bien bouchée, où il se conserve très long-temps.

L'eau de chaux très claire convient également bien. Voici la manière de la préparer : Sur deux à trois livres de chaux vive, versez quatre pots d'eau bouillante, et remuez jusqu'à parfaite extinction : couvrez le vase, afin de diminuer, autant que possible, l'action que le gaz acide carbonique de l'atmosphère exerce en tous lieux sur cette solution : le lendemain, la partie insoluble de la chaux s'étant déposée, et l'eau étant devenue limpide, décantez celle-ci assez doucement pour qu'aucune parcelle du sédiment ne s'écoule avec elle.

On doit d'avance se pourvoir de cette préparation. Elle se conserve long-temps dans des cruches ou bouteilles hermétiquement bouchées, et se donne à la dose d'un litre ; et plus si cette quantité ne remplit pas l'attente.

Dans l'intervalle d'un breuvage à l'autre, le malade sera promené et bouchonné ; on lui passera deux lavements d'eau froide à une heure de distance, et on ne lui permettra de manger que vingt-quatre heures après la guérison. On pourra néanmoins, vers la moitié de ce temps, quand la rumination sera bien rétablie, que la panse sera presque vide, donner un boire chaud dans lequel on aura fait bouillir une forte poignée de graine de lin et environ deux onces de sel de cuisine.

Dans le cas où la tension du ventre serait telle que l'animal fût menacé d'une prompte suffocation, le plus court délai pouvant devenir fatal, il faut sans tarder faire la ponction, à l'aide d'un trosquart * ou, à son défaut, d'un couteau pointu. Cette opération est très simple et n'a jamais de suites fâcheuses; elle se pratique au centre du flanc gauche, à la même distance des fausses côtes, des apophyses transverses des lombes et des hanches. L'instrument est enfoncé sans crainte jusqu'au manche, perpendiculairement et en un temps; le

---

* Cet instrument est d'un prix peu élevé: il consiste en une canule de fer-blanc où s'emboîte le trosquart; celui-ci est pourvu d'une pointe triangulaire et d'un manche de bois avec une virole de cuivre ; sa longueur est de 9 à 10 pouces, son diamètre de 3 lignes. La pointe dépasse la canule dont la partie supérieure est pourvue d'un pavillon qui s'applique sur le manche. Après l'opération, on retire l'instrument, et on laisse la canule dans l'estomac jusqu'à ce que tous les accidents aient cessé.

gaz s'échappe aussitôt avec violence, le flanc
et le ventre s'affaissent, et l'animal respire
librement. Elle ne dispense pas des secours
indiqués; mais elle prévient une mort certaine.

Si la maladie était compliquée de dureté du
sac par un excès d'aliments, il faudrait inciser
le flanc avec un instrument très tranchant,
depuis l'endroit de la ponction jusqu'à cinq
pouces plus bas, en ayant bien soin de couper
en même temps la peau, les muscles et la
panse.

Un enfant de dix à douze ans, à cause du
peu de diamètre de son bras, sera chargé d'en
extraire peu à peu, avec la main, tous ceux
auxquels il pourra atteindre, en ayant soin de
ne pas trop froisser les bords de la plaie *, après
quoi on y versera à l'aide d'un entonnoir deux

* Pour empêcher, dans cette opération, que des aliments, s'échappant de la main, ne s'introduisent dans
l'abdomen en passant entre le rumen et les muscles ab-
dominaux, il convient de passer le bras à travers un
petit sac de toile, long de 14 à 15 pouces et de 6 de
diamètre, ou d'une manche de chemise, séparée,
pourvue à ses deux extrémités d'un cercle de bois ou
de baleine, afin de tenir facilement les deux issues
béantes, d'introduire une des extrémités à travers l'in-
cision dans la panse en rétrécissant le cercle, et de
tenir l'autre de la main gauche, près de la plaie, pendant que la droite opère l'extraction.

à trois pots de décoction de graine de lin tiède;
on lavera la plaie avec du vin chaud, on en
réunira les bords par deux ou trois points de
suture, et on y appliquera un plumaceau d'é-
toupes, chargé de thérébentine de Venise.

Un plumaceau pareil doit être appliqué sur
l'ouverture faite par le trosquart ou le couteau,
après la ponction.

Une heure après cette extraction, on prati-
quera la saignée, et le malade ne recevra,
pendant quatre jours, que des boissons chaudes, nourrissantes, et des lavements d'eau
tiède.

Cette opération ne doit pas être faite sans
une extrême nécessité et seulement dans le cas
où tous les autres moyens prescrits resteraient
sans effet. Au premier coup d'œil, elle paraît
être très grave; mais rien moins que cela, elle
est presque toujours suivie du plus heureux
succès.

Voilà pour ce qui concerne le traitement;
mais comme le meilleur médecin n'est pas
celui qui guérit, mais bien celui qui préserve,
nous allons indiquer les précautions qu'il s'agit
de prendre pour la prévenir.

Le matin, avant de conduire les bestiaux

aux champs, il convient de leur distribuer à l'étable une certaine portion de paille d'avoine ou de tout autre fourrage sec et même une faible quantité de vert coupé la veille, et si la journée promet d'être belle, d'attendre que le soleil ait dissipé la rosée.

Si le temps était couvert et qu'on prévît que l'évaporation ne dût pas avoir lieu, il serait du moins utile que l'individu chargé de la garde du troupeau, fît tomber l'eau des plantes à l'aide d'un balai de bouleau neuf, avant de laisser paître.

Il est bon aussi de ne pas laisser manger les animaux avec trop d'avidité pendant la première heure, mais de les interrompre souvent en les déplaçant, en les faisant même sortir du champ, pour les y ramener aussitôt.

Si le gardien s'apercevait qu'une ou plusieurs bêtes fussent enflées, il faudrait sans tarder les reconduire toutes à l'étable. Cette promenade suffit quelquefois pour guérir celles chez qui la maladie n'est que commençante. On doit bien se garder surtout de les faire boire, car l'eau hâte son développement avec beaucoup d'intensité, elle peut même la rendre mortelle.

Tout ce qui précède s'applique également

aux bêtes à laine, à la seule différence près
que les doses de médicaments ne doivent être
que du quart de celles qu'on donne aux grands
animaux, et le trosquart ou le couteau dont
on pourrait se servir pour faire la ponction,
d'un moindre diamètre *.

---

* Consultez pour de plus amples détails : *Traité
des Indigestions dans les Ruminans*, petit ouvrage
ex professo de CHABERT. A Paris, chez M. Huzard,
rue de l'Éperon, n° 7.

TROISIÈME PARTIE.

MOYENS PRÉSERVATIFS.

Donnez les mêmes soins aux divers animaux.
DELILLE.

En décrivant les diverses causes des maladies, en indiquant les objets qui, par leur nature ou leur abus, peuvent les développer, nous avons déjà fait pressentir ce qu'il fallait faire pour les éviter; cependant nous croyons devoir donner quelque extension à nos idées, afin de les rendre plus claires, et ajouter quelques préceptes, quelques moyens hygiéniques qui, employés avec discernement et persévérance, suffiront pour prévenir non seulement les maladies dont nous nous sommes occupé, mais une infinité d'autres sous le poids desquelles chaque jour beaucoup d'animaux succombent.

Un grand nombre de préjugés s'opposeront long-temps encore à la multiplication et à l'a-

mélioration des races, à la conservation rai-
sonnée des individus et à l'allégement de la
domesticité de nos animaux, et cependant il
serait bien temps que la raison en fît justice.

La morve, si commune et si meurtrière dans
nos campagnes, le farcin, la gale, les eaux
aux jambes, les coliques, les inflammations
de tous les organes, les fluxions et congestions
de toute espèce, ne reconnaissent ordinairement pour cause que le défaut de régime, de
repos, la malpropreté, les arrêt-transpirations
et surtout l'usage d'aliments avariés et de boissons insalubres.

Dans les fermes on est d'une indolence dont
on peut à peine se faire une idée pour les
soins que la santé des animaux réclame : à
s'informer s'il mangent, s'ils ont bu, s'ils ont
bien travaillé, se borne toute l'investigation
des maîtres. Les domestiques, encouragés dans
leur négligence, ou pour mieux dire dans leur
paresse, en profitent et ne font absolument,
et souvent mal, que ce qu'on leur commande :
l'exemple est contagieux. A peine les aliments
sont-ils départis, qu'ils évacuent l'écurie sans
s'inquiéter si l'appétit préside au repas, si un
ou plusieurs animaux ne manifestent pas quel-

que souffrance, si les fourrages sont bons ou mauvais, etc.; et si de loin en loin l'un ou l'autre y retourne pour jeter un coup d'œil vague, c'est presque sans but, sans objet déterminé.

Le pansage est considéré comme une chose inutile : aussi comment se fait-il ? On essuie la boue apparente sur le corps à l'aide d'une poignée de paille; les étrilles servent rarement, leur vétusté l'atteste : non que les cultivateurs s'opposent à ces sortes de soins, mais ils craignent de les commander sous le prétexte que telle n'est pas l'habitude; qu'ils choqueraient leurs domestiques et n'en conserveraient pas s'ils leur rendaient une pareille tâche obligatoire; disons même que la plupart des maîtres attachent une faible importance à cette utile pratique et ne l'envisagent que comme un objet de luxe, de propreté extérieure, destiné à flatter le coup d'œil que présente l'ensemble de l'écurie.

Le matin, durant le déjeûner, une demi-heure est consacrée au maniement de l'étrille; cet espase de temps suffit à un domestique pour panser quatre et même cinq chevaux !

Le pansage régulier et complet est indispensable à l'entretien de la santé ; il favorise la transpiration insensible, donne de la vigueur, excite la gaieté, concourt au développement des formes et de l'embonpoint de l'animal; l'embellit et prévient une infinité de maladies.

Quand les chevaux rentrent du travail en sueur ou non, on les passe à l'eau, n'importe la saison, afin d'en laver les extrémités. Cette ablution peut devenir la source d'affections graves : on sait que *l'habitude est une seconde nature*, que les suites n'en sont pas toujours funestes, mais il suffit qu'elles puissent le devenir pour défendre un usage introduit par l'ignorance et maintenu au profit de la fainéantise. On croit les nettoyer par cette immersion, et c'est tout le contraire : la boue, qui d'abord ne couvrait que les poils, se délaie, pénètre, et va se déposer sur la peau, y adhère, en bouche les pores et fait naître un prurit suivi de crevasses, d'éruptions, d'engorgements, de javarts, etc., sans compter d'autres maladies plus dangereuses qui peuvent en être la conséquence immédiate ou éloignée.

Le seul moyen convenable c'est le bouchonnement, et si, malgré les dangers que nous signalons, on s'obstinait à vouloir qu'elles fussent lavées, qu'on le fasse du moins après une heure de repos, quand la transpiration est devenue insensible, de forcée qu'elle était dans le principe.

Combien d'animaux périssent de maladies dont les causes restent un problème! On serait bien étonné, si scrutant le passé, de les découvrir dans une simple négligence, une légère omission, une faute de régime, une bagatelle à laquelle, dans le moment, on a dédaigné de faire attention.

Les écuries, avons-nous dit, sont en général trop petites pour loger convenablement les animaux qu'elles renferment. Pressés les uns contre les autres, ils manquent d'espace pour se coucher. Quand sur dix, quatre ou cinq sont étendus, les autres sont forcés de rester debout. Le repos tranquille est un des plus puissants réparateurs des forces : les en priver, surtout durant la saison des travaux, c'est les exposer à une prompte ruine des membres, à toutes les maladies qui peuvent être le résultat de la fatigue, à une mort prématurée.

L'exiguité des longes vient souvent augmenter cet état de gêne ; quand l'animal, succombant de fatigue, se jette à terre, sa position contrainte s'oppose à ce qu'il jouisse d'un sommeil calme et restaurant : la digestion languit, se fait incomplètement; de là des coliques ou d'autres maladies graves, car le trouble d'une des fonctions de l'économie animale influe notoirement sur toutes les autres. Pour que l'estomac, qui en remplit une des plus essentielles à la vie, accomplisse bien la sienne, un repos paisible et doux est indispensable. Les anciens, considérant ce viscère comme le moteur principal de la santé de l'homme, le jugèrent assez important pour y placer le siége de l'ame.

Qu'au défaut d'espace se joigne le défaut d'air, vice trop commun dans les constructions rurales, et on aura le complément de l'insalubrité de l'habitation. Sa température sera en tout temps semblable à celle d'une étuve ; durant l'automne et l'hiver les animaux ne peuvent en sortir sans être vivement frappés par une atmosphère froide; l'été ils y feront, par la sueur qui sans cesse les inonde, des pertes que rien ne peut réparer, en sorte qu'une source intarissable de maladies les environne partout.

Des précautions puériles, mal raisonnées, qui aggravent encore ces dispositions, sont prises contre l'invasion du froid : portes, fenêtres,

meurtrières, tout est bouché et garni de paille,
l'air, vicié par la respiration, la transpiration,
et les émanations des autres matières excrémentitielles, devient délétère, irrespirable ; les
animaux ont le flanc agité, les yeux larmoyants
et rouges et les nazeaux dilatés* : l'embonpoint
qu'ils acquièrent est factice, c'est une véritable
bouffissure, et si des affections plus ou moins
graves qui doivent ou peuvent en être la suite
ne les assaillissent pas dans le courant de la
saison, ils n'y échapperont pas durant la sui-
vante : tôt ou tard ils paieront un tribut.

Dans celle des travaux ils se fatiguent et maigrissent promptement, quelles que soit d'ailleurs
la quantité et la qualité des aliments qu'on leur
accorde. La digestion languit, la poitrine souffre, la santé s'altère, et bientôt des maladies inflammatoires ou chroniques de tous genres surviennent, auxquelles l'homme de l'art est souvent embarrassé d'assigner une cause, car, à
n'en juger que sur les renseignements qu'on

* En entrant dans une semblable habitation l'homme
le moins délicat éprouve un sentiment de malaise in-
définissable Les yeux et les narrines sont irrités par
les vapeurs alkalines auxquelles l'atmosphère sert de
véhicule. Il ressent une oppression pénible, une chaleur
suffoquante qu'il ne pourrait long-temps supporter.

lui procure, les animaux ont été logés et nourris au mieux.

La libre circulation de l'air, en tout temps,
est une des principales conditions de l'équilibre,
de l'harmonie dans les fonctions de la vie : y
soustraire les animaux, c'est les tuer. La pré-
voyante nature les a suffisamment garantis
contre l'inclémence des saisons, telles rigou-
reuses qu'elles puissent être. Sans doute l'état
de domesticité a modifié cette faculté ; mais
c'est la restreindre plus encore que de les renfermer comme on le fait : plus ils sont endurcis
aux intempéries de l'air, et moins les causes
maladives qui les environnent de toute part
exercent de puissance sur eux.

Il n'est pas un cultivateur qui ne sache qu'il
arrive très souvent de voir au milieu de l'hiver
tous les chevaux d'une exploitation affectés de
maladies qu'improprement on nomme *gour-
me*, *jettage*, *morfondement*, que gratuitement
on attribue aux fourrages échauffants et même
à la contagion et qui, dans le fait, ne sont que
des affections catarrhales, qui souvent dégé-
nèrent en morve, uniquement dues aux arrêt-
transpirations dont ils ont été frappés à la sortie de l'écurie ou au passage dans l'eau en re-

venant du travail, ou aux boissons glacées dont ils ont fait usage ayant chauds. La morve se déclare-t-elle? vite on en cherche la cause au loin : tantôt c'est une écurie étrangère où ils ont séjourné, tantôt c'est la communication avec d'autres chevaux, et le plus souvent on la croit apportée par le dernier cheval qu'on a acheté, quand même son acquisition daterait d'un an, parce que la maladie a commencé par lui. Eh! comment peut-on tant s'étonner de ce que le dernier arrivé, peu fait au régime vicieux qu'on lui a fait subir, en soit devenu la première victime! Là, d'où il vient, il a été bien nourri, logé, et soigné, et a travaillé modérément; ici c'est tout le contraire : ce n'est donc qu'une conséquence infaillible du manque de bons soins ou de sa transmigration. Les autres éprouvent successivement le même sort, parce que les mêmes causes produisent presque toujours les mêmes effets. Ajoutons cependant que la transition subite de mal en bien présente souvent les mêmes résultats, que le passage de l'abondance à la pénurie; les grandes réunions d'animaux en offrent la preuve.

Il est à propos de signaler ici une habitude dangereuse où sont une infinité de cultivateurs, c'est celle de faire saigner fréquemment et sans motif plausible, tous leurs chevaux, afin, disent-ils, de prévenir des maladies, ou parce qu'ils sont échauffés, ou parce qu'ils changent de nourriture. Un seul d'entre eux vient-il à tousser? à l'instant cette opération est pratiquée sur tous; à peine les travaux ont cessé qu'on les saigne encore pour prévenir les inflammations.... En un mot, cette évacuation est prescrite sans rime ni raison, à toutes les époques de l'année : prévoyance puérile, absurde, qui tue presque autant d'individus que les maladies spontanées. Diminuer l'action du cœur et des vaisseaux par une fréquente soustraction de sang, c'est affaiblir les animaux, les précipiter dans l'obésité, c'est faciliter le développement d'un grand nombre de maladies, les rendre tributaires d'affections qui, sans cette dangereuse précaution, fussent restées inconnues.

Chaque maréchal est possesseur d'une flamme dont il fait un ample et généreux usage; consulté pour quelque maladie que ce puisse être, elle fait son office; la quantité de sang tiré est toujours en raison du danger qu'il croit remarquer. C'est ainsi que dans toutes celles où la respiration est accélérée, le flanc agité, cette quantité est souvent portée jusqu'à la syncope; il appelle cela *abattre de sang;* et, quand l'homme de l'art est consulté, en dernier ressort, il ne lui reste plus qu'à prédire une funeste issue, la mort prochaine du malade.

Dans le cours ordinaire de la vie, une saignée négligée ou retardée occasione ou aggrave une maladie; mais une trop déplétive, trop forte, peut causer la mort. Cette opération est loin d'être indifférente ; pratiquée souvent et mal à propos, elle influe sensiblement sur le reste de la vie.

Quand les animaux passent d'un régime ou d'un pays à un autre, du travail au repos, *et vice versa,* il serait imprudent de ne pas user de quelques précautions : une diète de peu de jours, suivie d'une augmentation progressive dans les aliments, jusqu'à concurrence de la ration habituelle, suffit toujours, et vaut cent fois mieux que les saignées et les médicaments.

Nous le répétons, rien n'est plus salutaire pour les animaux qu'un régime délayant momentané; il ne faut pour cela que leur retrancher pendant les dimanches et jours de fête, l'avoine et les fourrages en grain et y substituer de la paille, du foin et de l'eau blanchie à la farine d'orge. Dans la saison des travaux, on craint à tort de les affaiblir par une courte abstinence ; jamais une légère diète n'est plus utile qu'alors ; elle entretient la santé et prévient les maladies : on peut d'ailleurs la rendre très nourrissante par une augmentation de farine.

Au début d'une indisposition quelconque, elle doit être de la dernière sévérité ; souvent elle suffit seule pour opérer la guérison. C'est aussi le sentiment du père de la médecine quand il conseille *la diète et l'eau*.

Durant les chaleurs de l'été, il est bon d'aciduler de loin en loin la boisson, mais bien légèrement, avec du vinaigre ou de l'acide sulfurique.

Le sel de nitre, à la dose d'une demi-once par cheval, une ou deux fois par semaine, conviendrait également si les chevaux étaient échauffés par une nourriture trop succulente : quelques lavements d'eau tiède feraient le plus grand bien.

La manière dont on départit les longs fourrages aux chevaux est des plus mauvaises ; on ne saurait trop la blâmer : jamais ils ne sont secoués, quand même ils seraient poudreux ; les bottes leur sont jetées sans avoir été déliées, et

cependant on sait que, tel bien qu'ils peuvent
être récoltés, ils renferment toujours de la poussière. Cette précaution, bonne en tout temps,
devient surtout indispensable quand lors de la
dessiccation ils ont eu de la pluie, ou que, rentrés trop hativement, ils ont violemment fer-
mentés dans les tas.

Quand, forcé par la pénurie, on est obligé
de nourrir les animaux d'aliments avariés,
on doit non seulement les nettoyer de la poussière qu'ils peuvent contenir, mais encore les
améliorer en les rendant moins délétères : ce
résultat s'obtient en les arrosant avec une
dissolution de sel de cuisine. Une once de ce
sel par cheval et par jour suffit* ; il favorise la
digestion et la transpiration et remplit ainsi parfaitement l'intention qu'on se propose. Quand
l'avoine a été germée, il doit être employé de
même.

* Dans le dernier régiment où j'ai servi, sous les
ordres du brave colonel chevalier de Bailliancourt, les
chevaux périssaient en grand nombre de la morve, due
aux mauvais fourrages de 1816, et tous y auraient successivement succombé si je n'avais fait employer le sel
comme préservatif. On le donna d'abord, trois fois par
semaine, et ensuite deux ; et dès l'instant même où il
fut mis en usage, la mortalité cessa. Depuis lors jusqu'à
la fin de 1819, je n'ai pas eu un seul cheval morveux
à traiter.

★

La malpropreté des habitations est fréquemment l'unique cause d'affections d'autant plus graves que souvent elles sont ou deviennent contagieuses. Des maladies inflammatoires, gangreneuses, charbonneuses, en un mot pestilentielles, ravagent quelquefois une exploitation rurale, une commune et même toute une contrée, et ne sont dues qu'à l'insalubrité des écuries, des étables et des bergeries. Comment pourrait-il en être autrement d'un lieu où, par l'inégalité du sol, croupissent les urines, où séjourne long-temps le fumier, où, faute d'espace, les animaux sont privés de repos, où l'air ambiant, ne pouvant se renouveler par le manque d'ouvertures suffisantes et bien placées, se charge d'émanations hétérogènes, et devient irrespirable, mortifère. On doit seulement s'étonner de ce que ces accidents ne sont pas plus multipliés, car chaque saison peut les voir apparaître. Durant l'été, on ouvre les portes et fenêtres, mais l'atmosphère enlève et tient en suspension les vapeurs qui émanent continuellement des matières excrémentitielles, avec beaucoup plus de facilité qu'à toute autre époque de l'année ; et pendant les temps froids et humides toutes les issues sont bouchées. Le

printemps n'est souvent pas moins à redouter,
surtout si, après avoir débuté par des pluies,
de fortes chaleurs marquent son passage. Une
semblable transition exerce toujours son influence d'une manière plus fâcheuse sur des
animaux qui ont été entassés dans des habitations malsaines que sur ceux qui ont respiré
un air pur et libre : nous avons vu des maladies
dévastatrices en être la suite.

Si les cultivateurs suivaient les préceptes que
renferme cette dernière partie, ils auraient
rarement besoin des secours de l'art. Qui ne
connaît ce vieil adage : *L'œil du maître engraisse
les chevaux.* S'il en est ainsi, pourquoi, en ob-
servant les principales règles de l'hygiène qui
consistent à leur donner en tout temps une également bonne et suffisante nourriture ; à entretenir la propreté des animaux et de leurs de-
meures ; à ne pas les excéder de trop rudes travaux ; à leur procurer un repos convenable et
salutaire ; à ne pas les exposer gratuitement à
l'inclémence des saisons; à les soumettre de
temps à autre à un régime délayant; etc., etc.;
pourquoi, disons-nous, ne préviendraient-ils
pas aussi la plupart des maladies dont la parcimonie et la négligence les rendent chaque

jour tributaires? Ils deviendraient ainsi les vrais médecins de leurs bestiaux, car *préserver vaut mieux que guérir*. Cet axiôme ne devrait jamais être perdu de vue, mais servir de règle constante dans les nombreuses réunions d'animaux, et principalement dans les grandes exploitations rurales.

Que de choses il resterait encore à dire si nous voulions combattre les abus, les erreurs et les préjugés, consacrés par le temps et l'habitude, qui s'opposent à la conservation et à l'amélioration des animaux domestiques! Telle n'est pas notre intention.

Nous terminerons ce petit ouvrage, déjà trop long, parce que nous avons été obligé de reproduire souvent les mêmes idées, en disant avec l'illustre fondateur des écoles vétérinaires:
« Qu'il nous soit permis de déclarer que nous
» n'écrivons que pour ceux qui savent quelque
» chose et pour ceux qui ne savent rien; les
» premiers doivent être nos juges, et nous les
» adoptons comme compétents : les seconds
» sont faits pour être instruits : à l'égard de ceux
» qui savent tout, ou qui croient tout savoir,
» notre ouvrage n'est pas fait pour eux. Il n'est
» donc pas difficile de conclure que nous ne

» pouvons attendre et desirer que les conseils
» des premiers, les progrès des seconds, et le
» silence des autres *. »